常见矿物晶体鉴赏

龚志军　罗　明　彭花明　编　著

内容简介

矿物晶体是有形有色的漂亮石头，本书通过文字和图片简要介绍了矿物晶体的基本性质，重点描述了矿物晶体的鉴赏特征。

本书分为三篇，共35章。第一篇包含14章，简要介绍了矿物晶体的14个基本性质；第二篇包含20章，详细描述了20种常见矿物晶体的鉴赏性质；第三篇包含1章，集中展示了常见矿物晶体的图片。

本书根据高中学生的认知特点编写，极为适合学生们阅读，同时，对于矿物晶体感兴趣的读者来说，亦具有极高的科普价值。

图书在版编目（CIP）数据

常见矿物晶体鉴赏 / 龚志军，罗明，彭花明编著．--哈尔滨：哈尔滨工程大学出版社，2024.10

ISBN 978-7-5661-4355-6

Ⅰ．①常… Ⅱ．①龚… ②罗… ③彭… Ⅲ．①矿物晶体—基本知识 Ⅳ．① P573

中国国家版本馆 CIP 数据核字（2024）第 094247 号

常见矿物晶体鉴赏
CHANGJIAN KUANGWU JINGTI JIANSHANG

选题策划 王春晖
责任编辑 张　曦
封面设计 李海波

出版发行 哈尔滨工程大学出版社
社　　址 哈尔滨市南岗区南通大街 145 号
邮政编码 150001
发行电话 0451-82519328
传　　真 0451-82519699
经　　销 新华书店
印　　刷 武汉精一佳印刷有限公司
开　　本 787 mm × 1 092 mm　1/16
印　　张 7.25
字　　数 119 千字
版　　次 2024 年 10 月第 1 版
印　　次 2024 年 10 月第 1 次印刷
书　　号 ISBN 978-7-5661-4355-6
定　　价 68.00 元

http：//www.hrbeupress.com
E-mail：heupress@hrbeu.edu.cn

前　言

地球是人类唯一的家园，了解地球是人类的一项基本任务。石头是地球表层最基本的固体物质，构成人类立足之地，同时为人类提供了衣食住行所需的物质材料。通过石头，我们可以了解地球表层的物质组成，推测地球的形成和演化过程。矿物晶体是最漂亮的石头，理想的矿物晶体有 47 种几何单形，有的绚丽多彩，有的晶莹剔透，有的密不透光，有的重，有的轻，有的导电，有的绝缘，有的有磁性，有的还能发光，等等。本书利用图片和文字介绍了矿物晶体的基本特征和常见矿物晶体的鉴赏特征，希望读者通过常见的矿物晶体去了解地球，产生探索地球的兴趣。

本书由东华理工大学龚志军副教授、罗明博士和彭花明教授编写。在本书的编撰过程中，东华理工大学地质博物馆的王雅敬老师等给予了帮助和支持，东华理工大学教务处及地球科学学院的部分老师亦提出了宝贵的意见和建议，在此一并感谢！

限于编著者水平，书中难免存在一些不足和疏漏，恳请广大读者不吝赐教。

编著者

2024 年 8 月

目　录

引　言

小学语文第一课的学习内容是“天、地、人、你、我、他”，其后是“日、月、水、火、山、石、田、禾”。“地”是地球表层的坚硬部分，“石”是我们常说的天然产出的石头。“地”由“石”构成。

(a)　　(b)

小学语文课本

上地幔中的石头－岩石（橄榄岩）

地壳中的石头－岩石（花岗闪长岩）

地壳中的石头－岩石（砂岩）

地壳中的石头－矿物晶体（萤石）

地壳中的石头－矿物晶体（重晶石和白铅矿）

地壳中的石头－岩石（钟乳石）

石头包括岩石和矿物。岩石是由一种或几种矿物和/或天然玻璃组成的固态集合体，按成因分为岩浆岩、沉积岩和变质岩。

花岗岩（一种岩浆岩）

石灰岩（一种沉积岩）

片岩（一种变质岩）

矿物是具有一定化学组成的天然化合物，有稳定的相界面和结晶习性，绝大多数矿物具有晶体结构。矿物晶体是由各种地质作用和宇宙作用形成的、内部质点（原子、离子和分子）在三维空间作周期性平移重复的、具有规则外形的天然单质或化合物。比如食盐晶体，其中的钠离子（Na^+）和氯离子（Cl^-）在三维空间作周期性平移重复构成食盐晶体。

食盐晶体

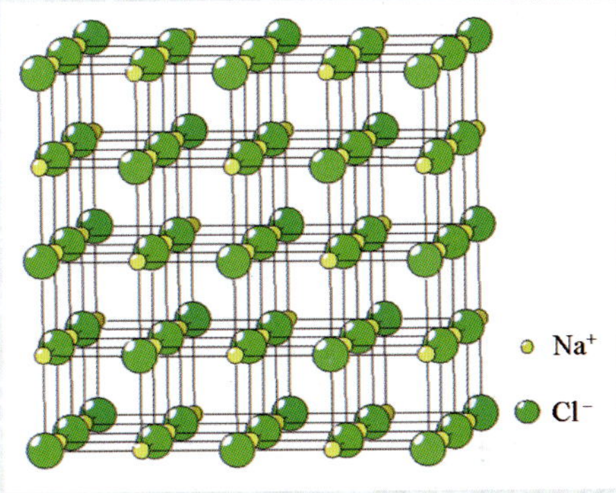

食盐晶体内部质点排布

矿物晶体是石头中有形、有色的一族，具有千姿百态的形状、五彩斑斓的色彩、晶莹剔透的透明性和熠熠闪光的表面光泽，以及色散、变彩、变色、发光等绚丽的光学性质。此外，矿物晶体还具有受外力破裂形成解理、裂开和断口的力学性质及电性、磁性等其他物理性质。

第一篇

矿物晶体的基本性质

1 矿物晶体的形态

矿物晶体是结晶的几何多面体，且具有对称性。矿物晶体形态不仅包括单晶体的单形与聚形，还包括由多个同种矿物晶体构成的规则连生体形态与集合体形态，所以欣赏矿物晶体的形态也包括欣赏单个晶体的形态和欣赏多个晶体的集合形态。单个晶体的形态欣赏内容包括晶体的几何形态、晶体的表面特征和晶体的发育完整程度。多个晶体的集合体形态欣赏内容包括集合体构成的图案及多晶体黏合的牢固程度。

1.1 矿物单晶体的 47 种几何单形

矿物单晶体的单形是由同形等大、性质相同的晶面构成的几何多面体。通过对称要素操作，同一种单形的所有晶面可以重合。理想状态下，矿物单晶体有以下 47 种几何单形，分为低级、中级和高级。

（1）低级晶族的单形

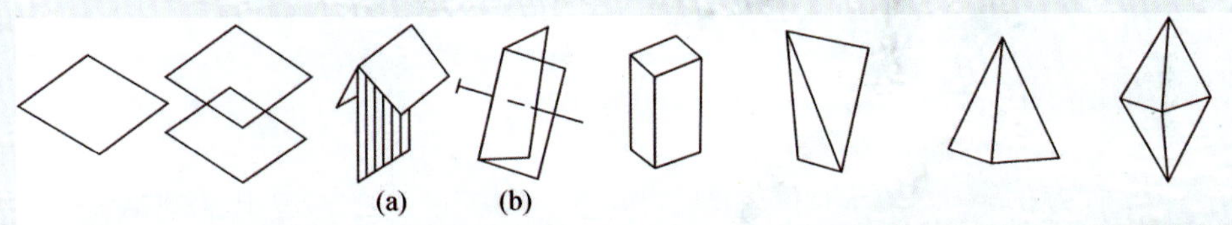

1. 单面 2. 平行双面 3. 反映双面及轴双面 4. 斜方柱 5. 斜方四面体 6. 斜方单锥 7. 斜方双锥

（2）中级晶族的单形

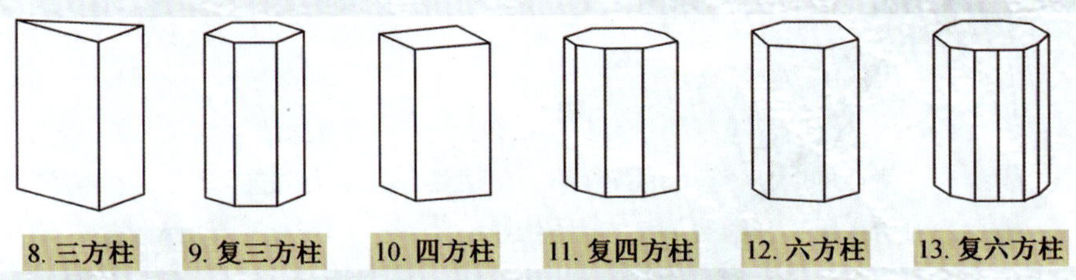

8. 三方柱 9. 复三方柱 10. 四方柱 11. 复四方柱 12. 六方柱 13. 复六方柱

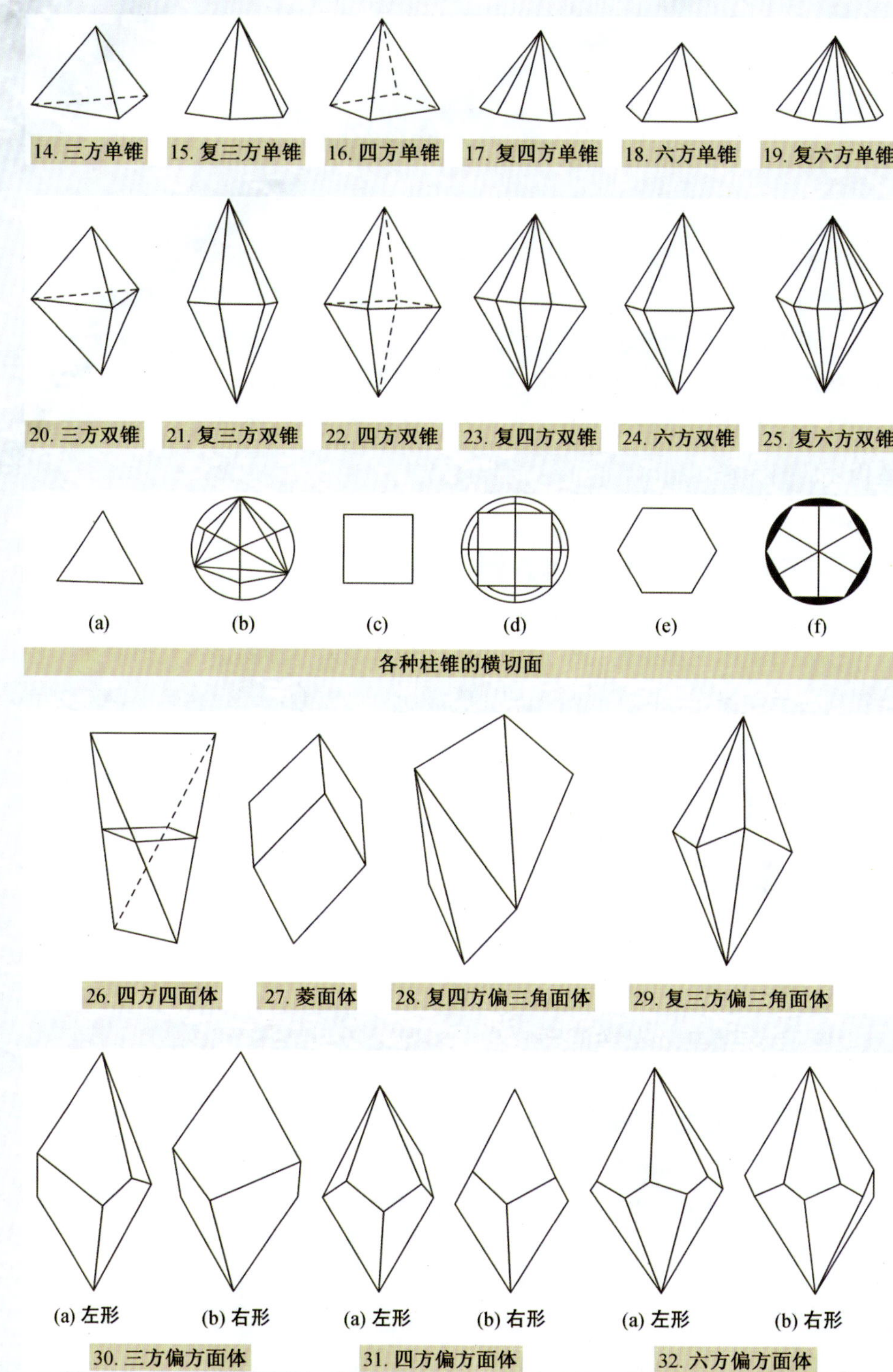
14. 三方单锥
15. 复三方单锥
16. 四方单锥
17. 复四方单锥
18. 六方单锥
19. 复六方单锥
20. 三方双锥
21. 复三方双锥
22. 四方双锥
23. 复四方双锥
24. 六方双锥
25. 复六方双锥
(a)
(b)
(c)
(d)
(e)
(f)

各种柱锥的横切面

26. 四方四面体
27. 菱面体
28. 复四方偏三角面体
29. 复三方偏三角面体
(a) 左形
(b) 右形
(a) 左形
(b) 右形
(a) 左形
(b) 右形
30. 三方偏方面体
31. 四方偏方面体
32. 六方偏方面体

（3）高级晶簇的单形

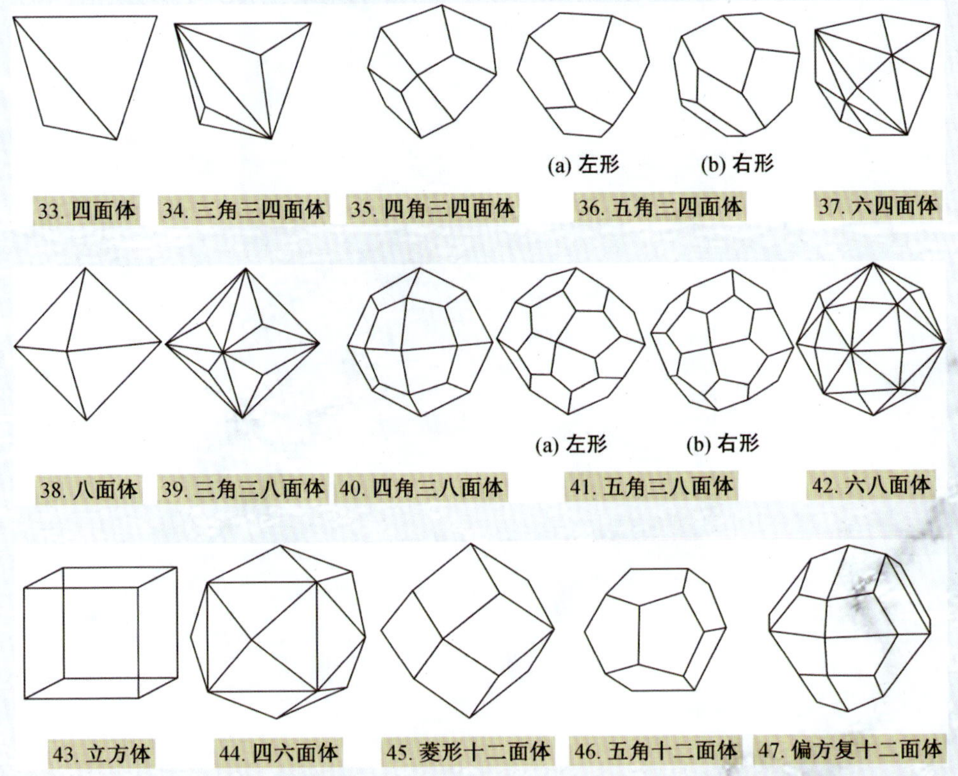

1.2 矿物晶体的结晶习性及常见形态

由于晶体内部构造不同，晶体环境和形成条件不同，以致晶体在空间三个相互垂直方向上发育的程度也不相同。在相同条件下形成的同种晶体经常具有的形态，称为结晶习性，如金刚石的结晶习性是八面体。

根据矿物晶体在三维空间的发育程度可将其形态划分为以下三类。

（1）一向延长型

一向延长型是指晶体沿某一个方向特别发育，呈柱状、针状或纤维状等形态，如石英、角闪石。

柱状集合体（石英）

（2）二向延展型

二向延展型是指晶体沿两个方向发育程度相对更高，呈板状、片状、鳞片状、叶片状等形态，如鳞片状的石墨。

鳞片状集合体（石墨）

（3）三向等长型

三向等长型是指晶体沿三维方向的发育程度基本相同，呈等轴状、粒状等形态，如白榴石等。

四角三八面体（白榴石）

思考题

我们人体有五指、五官，但是自然界到目前没有发现五方柱、五方单锥和五方双锥等五次对称单形的矿物晶体，为什么？

答案：关于这个问题目前还没有完美的答案，需要同学们进一步探索。

1.3　聚形

聚形是由两个或两个以上的单形共同聚合圈闭的外形，只有属于同一对称类型的单形才能聚合成一个聚形。自然界多数矿物晶体呈聚形产出，例如，锆石常呈现四方柱单形和四方双锥单形聚合圈闭而成的聚形。

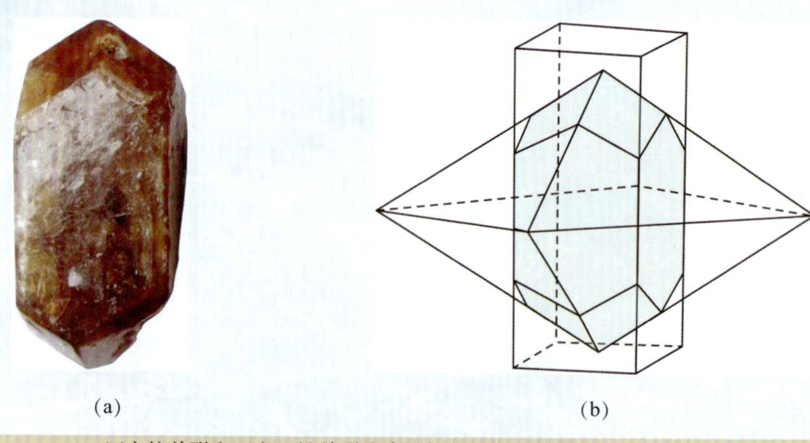

(a) (b)

四方柱单形和四方双锥单形聚合圈闭的聚形（锆石）

1.4 规则连生

同一矿物晶体的两个或多个单体按对称方式规则地生长在一起的现象称为晶体的规则连生。规则连生主要有双晶和平行连生两种基本类型。

（1）双晶

双晶是由同种晶体的两个或两个以上的单体按一定的对称规律组合而成的规则连生，相邻两个单体相应的面、棱、角通过一定的对称操作（反映、旋转或反伸），可以彼此平行或重合。双晶的常见类型如下：

简单接触双晶 该类型双晶仅由同种晶体的两个单体沿一个平面（双晶面）相接触，并以该面（双晶面）为镜面可以使两个单体重合或平行。如锡石的膝状双晶、石膏的燕尾双晶。

聚片双晶 该类型双晶由同种晶体的多个单体以同一双晶律连生在一起，而且单体间的接合面（双晶面）相互平行。如钠长石的聚片双晶。

穿插双晶 又称贯穿双晶，是同种晶体的不同单体相互穿插而形成的双晶。如十字石的十字双晶、萤石的穿插双晶和长石的卡式双晶。

环状双晶 该类型双晶由同种晶体的多个单体彼此以相同的双晶律连生，而且单体间的结合面（双晶面）互不平行，依次以相同的角度相交。根据环状双晶连生单体的数目可分为三连晶环状双晶和四连晶环状双晶等。金绿宝石具有三连晶双晶环状双晶。

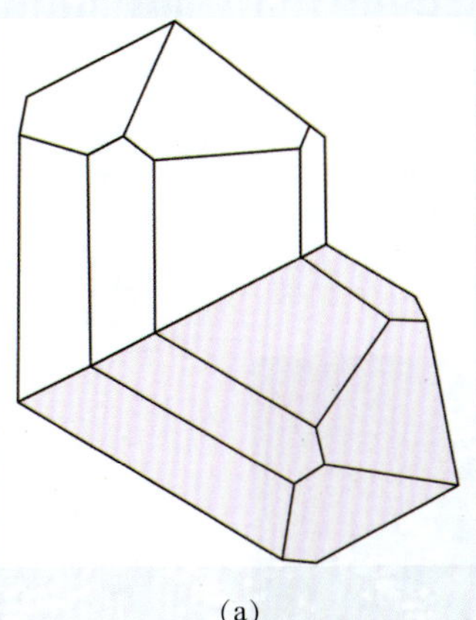
(a)

(b)

简单接触双晶（锡石的膝状双晶）

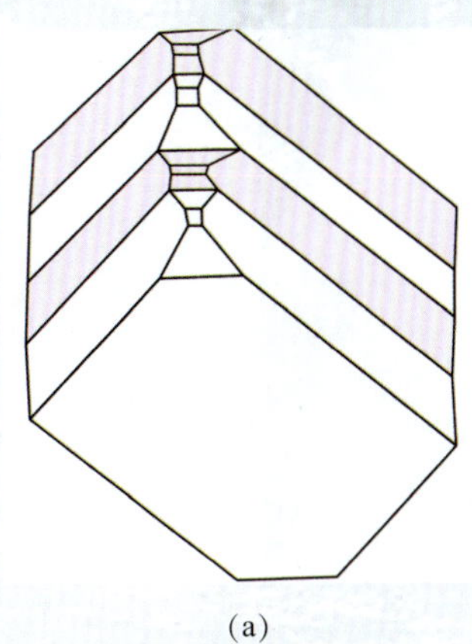
(a)

(b)

钠长石的聚片双晶

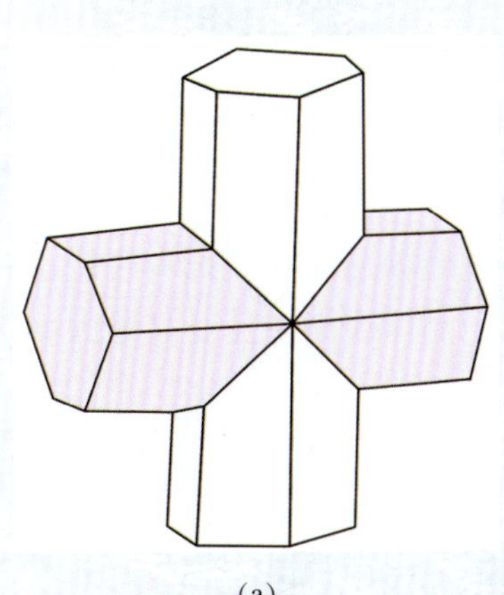
(a)

(b)

穿插双晶（十字石的十字双晶）

（2）平行连生

平行连生是指同种晶体的多个单体彼此平行地连生在一起，连生着的每一个单体相对应的晶面和晶棱相互平行。平行连生从外形来看是多晶体的连生，但它们内部的格子构造都是平行的、连续的。如方解石常出现平行连生。

方解石平行连生

1.5 晶体表面特征

在晶体表面常存在很多条纹、三角座、蚀痕等晶体在生长和改造过程中形成的产物，这些产物构成了晶体表面特征。晶体表面特征受晶体内部结构的控制，可作为晶体的鉴定特征。

1.6 晶体的实际形态

由于晶体生长环境复杂，因此很难发育成理想形态。而且晶体在形成以后，还会继续受外界各种因素的改造，最终的实际形态与理想形态会有一定的差别。

黄铁矿理想晶体

黄铁矿歪晶

2　矿物晶体的色彩

矿物晶体的颜色是矿物晶体对白光中不同波长色光选择性吸收后剩余光的混合色，矿物晶体的颜色由矿物的成分和内部结构决定。根据成因，矿物晶体颜色可分为自色、他色和假色。自色是由矿物晶体自身化学成分和内部结构决定的颜色。他色是由矿物晶体内含有气液包裹体、外来带色的杂质等引起的颜色。假色是物理光学效应 (干涉、衍射和散射等) 产生的颜色。

如果矿物晶体等量吸收入射可见光中的各种色光，当吸收率小于 20% 时，矿物晶体呈白色；当吸收率为 20%~80% 时，矿物晶体呈灰色；当吸收率大于 80% 时，矿物晶体呈黑色。

同一矿物晶体不同方向显示出不同颜色的性质称为矿物晶体的多色性。根据出现颜色的数量，多色性可分为二色性和三色性。

矿物晶体粉末的颜色称为条痕，条痕可以消除假色，减弱他色。

拓展知识

矿物晶体的条痕是该矿物晶体自身粉末的颜色，一般是矿物晶体在白色无釉瓷板上划擦时留下的粉末的颜色。当矿物硬度大于瓷板时，瓷板会因被刻画而产生瓷板粉末，此时不宜用瓷板来试条痕。可用刀在矿物上刮下粉末，放在白纸上观察矿物颜色。

条痕对鉴定一些深色的金属矿物（如硫化物和氧化物）具有很大的鉴定意义；而对于条痕和颜色相近的矿物，以及条痕都是白色的透明矿物（多为非金属矿物）来说，条痕则无多大鉴定意义。

矿物晶体及其条痕

3 矿物晶体的光泽

矿物晶体表面光亮的现象称为光泽，光泽是矿物晶体表面对可见光反射的表现。光泽的强弱与矿物晶体的折光率有关，折光率值越大光泽越强。

常见矿物晶体光泽一览表

光泽类型	折光率值（N）	常见矿物晶体
金属光泽	$N>3$	黄铁矿、辉锑矿
半金属光泽	N=2.60~2.90	磁铁矿
金刚光泽	N=2.00~2.60	金刚石、雄黄晶面、硫黄晶面
亚金刚光泽	N=1.90~2.00	尖晶石
强玻璃光泽	N=1.70~1.90	金绿宝石、刚玉、钙铝榴石
玻璃光泽	N=1.54~1.70	电气石、石英、绿柱石
亚玻璃光泽	N=1.21~1.54	萤石
油脂光泽		石英断口
珍珠光泽		云母

讨论

具有金属光泽的矿物晶体表面和具有半金属光泽的矿物晶体表面哪个更亮，你觉得哪种更漂亮？

4 矿物晶体的透明度

矿物晶体的透明度是指矿物晶体透过可见光的程度。矿物晶体的透明度主要取决于矿物晶体的成分、结构、颜色深浅、厚度，以及矿物晶体中的包裹体特征。

通常将矿物晶体的透明度分为透明、半透明和不透明三种。

4.1 透明

透明的矿物晶体可充分透光，隔着矿物晶体能清楚地看到其后面物体的轮廓和细节，如水晶和冰洲石等。

4.2 半透明

半透明的矿物晶体能透光，但隔着矿物晶体仅能看到其后面物体的轮廓，不能看到细节，如雄黄和雌黄等。

4.3 不透明

不透明的矿物晶体基本上不能透光，隔着矿物晶体不能看到其后面的物体，如黄铁矿、赤铁矿和方铅矿等。

拓展知识

肉眼判定矿物晶体透明度时，没有严格规定的矿物厚度标准，一般会选择厚度在几毫米以内的部分来观察矿物晶体的透明度。如果矿物晶体颗粒较小，可能观察其整个厚度（可能小于 1 毫米）来判断其透明度。对于颗粒较大的晶体，可选择厚度在 1~3 毫米的边缘部分进行观察。

5　矿物晶体的特殊光学效应

5.1　猫眼效应

在光线照射下，有些经过特殊加工的矿物晶体其弧形表面会出现一条光带，而且光带随着光源或矿物晶体的摆动能作平行移动，酷似猫的眼睛，这种现象称为猫眼效应。

具有猫眼效应的矿物晶体主要有金绿宝石、石英、电气石、绿柱石、磷灰石和透辉石等。

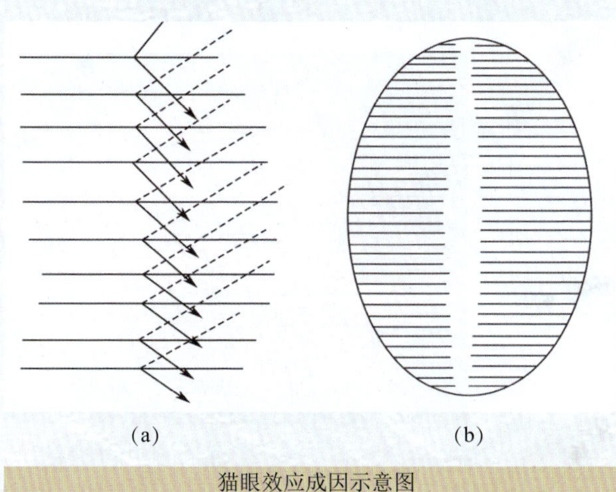

猫眼效应成因示意图

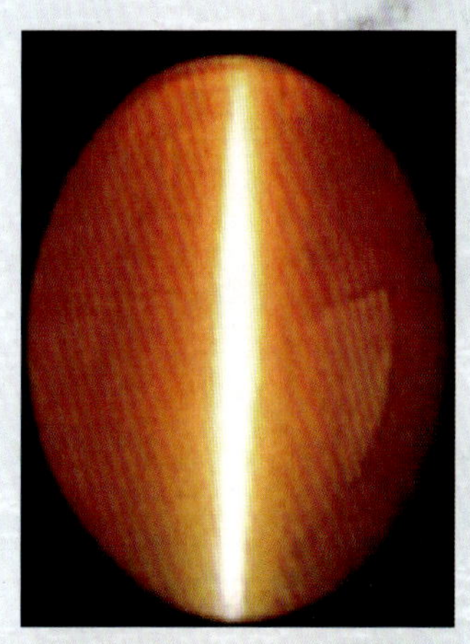

金绿猫眼

拓展知识

（1）只有具有猫眼效应的金绿宝石矿物晶体才被称为“猫眼石”，其他具有猫眼效应的矿物晶体，无论在学术上还是商业上，都只能被称为“某某矿物晶体猫眼”。如具有猫眼效应的石英、电气石、绿柱石和磷灰石，只能被分别称为石英猫眼、电气石猫眼、绿柱石猫眼和磷灰石猫眼。

（2）猫眼效应的产生是由矿物晶体内部定向包裹体或定向结构对可见光的折射和反射引起的。

（3）只有经过特殊的定向加工才能显示出清晰的猫眼效应，即矿物晶体加工成品的底面平行于管状、纤维状内含物构成的平面，且其长轴方向垂直于内含物的延伸方向。

5.2 星光效应

有些矿物晶体经特殊加工后，其弧形表面在光线的照射下会呈现相互交会的四射、六射或十二射星状光带，这种现象称为星光效应。

自然界具有星光效应的矿物晶体有很多，常见的有红色刚玉（宝石级的称为红宝石）、蓝色刚玉（宝石级的称为蓝宝石）、铁铝榴石、尖晶石、绿柱石、水晶和辉石等。

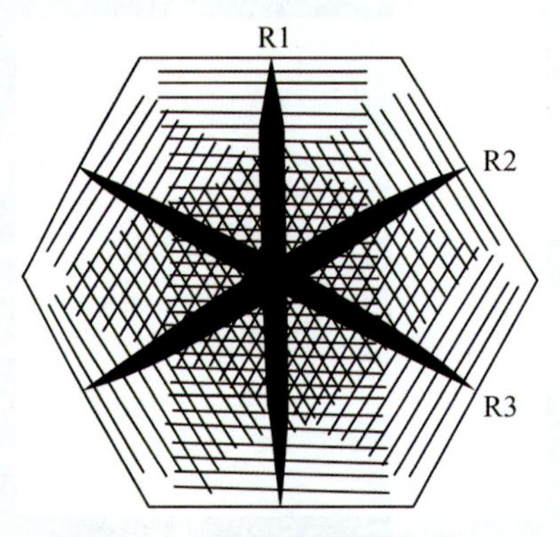

星光效应成因示意图

星光红宝石（宝石级红色刚玉的加工成品）

拓展知识

（1）能产生星光效应的矿物晶体都具有两组或两组以上定向排列的管状、纤维状内含物或内部结构。

（2）只有经过特殊的定向加工才能显示出清晰的星光效应，即矿物晶体加工成品为弧面形的，且底面平行于矿物晶体内部定向排列内含物或结构所构成的平面。

5.3 变彩效应

有些矿物晶体内部的特殊结构会对入射光产生干涉和/或衍射，使矿物晶体表面呈现多种色彩，这些色彩能随着光源或观察角度的变化而变化，我们把这种多变色彩的现象称为变彩效应。如欧泊便具有典型的变彩效应。

变彩效应（欧泊）

5.4 变色效应

变色效应是矿物晶体随入射光能量的变化或光波波长的改变其颜色发生变化的现象，即在不同能量光源的照射下，矿物晶体颜色出现明显变化的现象。观察矿物晶体的变色效应一般选择日光和白炽灯光两种光源。日光中的绿色光偏多，在这种光照下的矿物晶体颜色偏绿；白炽灯光中的红色光偏多，在这种光照下的矿物晶体颜色偏红。

变石具有最典型的变色效应，在日光下呈绿色，在白炽灯光下呈红色或紫红色。

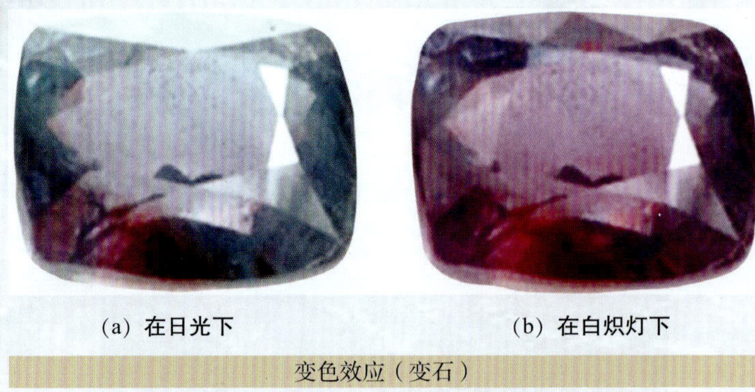

(a) 在日光下　　(b) 在白炽灯下

变色效应（变石）

5.5 月光效应

有些矿物晶体具有朦胧的蔚蓝色乳白晕色，如同月光，被称为月光效应。如月光石便具有典型的月光效应。

月光效应（月光石）

5.6 砂金效应

有些透明的矿物晶体内部含有小云母片或小金属固态包体，这些固态包体会对光产生反射，呈现许多星点状反光点，宛如水中的砂金，这种现象被称为砂金效应。如日光石（含金属的斜长石矿物晶体）便具有典型的砂金效应。

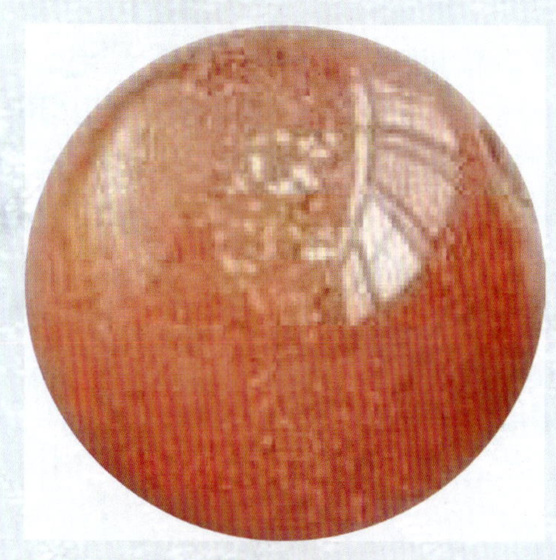

砂金效应（日光石）

6 矿物晶体的发光

在激发源的外加能量作用下，某些矿物晶体能发出某种有色可见光的现象被称为矿物的发光性。激发源有很多，常见的有紫外线、可见光、X 射线、γ 射线、加热、摩擦、充电和化学试剂等。

矿物晶体的发光性主要与其中的过渡元素（特别是稀土元素）的种类和数量有关。如红色刚玉矿物晶体的红色荧光与其中的铬（Cr）有关；白钨矿的蓝色荧光与钼（Mo）有关；锆石的黄色荧光与铀（U）有关；钻石在短波紫外线照射下的蓝色荧光与其中的硼（B）、铝（Al）、钛（Ti）和铍（Be）等元素有关。根据矿物晶体发光持续性对激发源照射时间的依赖关系，矿物晶体发出的光可分为荧光和磷光。

发光矿物被广泛应用于电视荧光屏、荧光粉、发光水泥和夜光表中。

6.1 荧光

荧光是指在外加能量（如紫外线和 X 射线等）的照射时能够发出可见光，但是停止外加能量作用后矿物发光立即消失的一种发光性质。目前在自然界已发现 500 多种矿物晶体能在外加能量照射下发出荧光。常见的荧光矿物晶体有方解石、水锌矿、白钨矿和白云石等。

(a) 自然光下

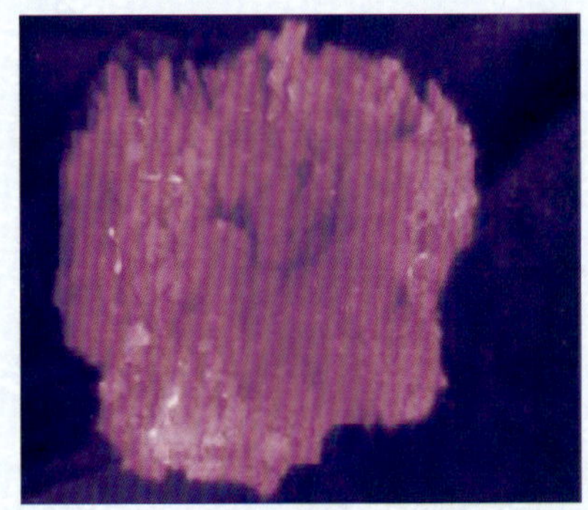

(b) 荧光下

白云石、水晶

6.2 磷光

磷光是指矿物晶体在受外界能量激发时发光，且激发光源撤除后的一段时间内仍能继续发光的一种发光性质。常见的磷光矿物晶体有磷灰石和萤石。

(a) 自然光下

(b) 荧光下

磷灰石

7 矿物晶体的解理、裂开和断口

矿物晶体的解理、裂开和断口是矿物晶体受外力作用后产生破裂的表现形式。

7.1 解理

矿物晶体在外力的作用下，沿着某些固定方向裂开，并或多或少留下光滑平面，该光滑平面被称为解理面。解理是由矿物晶体的内部结构决定的，是矿物晶体的固有性质，可作为矿物晶体的鉴定特征。

常见矿物晶体的解理特征

矿物晶体名称	解理类型	解理组数	发育程度
金刚石	八面体	4	完全
闪锌矿	菱形十二面体	6	完全
萤石	八面体	4	完全
锆石	柱体	2	差
黄玉	底面	1	完全
锂辉石	柱体	2	完全
正长石	底面或柱体	4	完全（底面）
磷灰石	底面	1	差
方解石	菱面体	3	完全

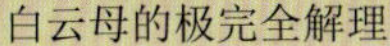
白云母的极完全解理

方解石的完全解理

7.2 裂开

若矿物晶体中存在聚片双晶或定向包裹体等，在受外力作用时，容易沿双晶结合面或包裹体分布面方向裂开，矿物晶体的这种性质称为裂开。由于矿物晶体裂开不是由矿物晶体的晶体结构引起的，具有不确定性，所以矿物晶体裂开一般不作为鉴定特征。例如红色刚玉常发育有平行底面和平行菱面体面裂开。

红色刚玉中的裂开

7.3 断口

断口是指在外力的作用下矿物晶体产生的无固定方向破裂的性质。常见的断口类型如下：

贝壳状断口 断裂面呈椭圆形的光滑曲面，并常具同心圆纹，形似贝壳，如石英和玻璃都具有贝壳状断口。

锯齿状断口 断裂面呈锯齿状，延展性强的矿物晶体一般都具有这种断口，如自然铜。

参差状断口 断裂面参差不齐、粗糙不平，大多数矿物晶体都具有这种断口，如磷灰石和东陵玉。

纤维状和多片状断口 断裂面呈纤维状或错综复杂的细片状，如软玉、翡翠和蛇纹石等。

贝壳状断口

8 矿物晶体的硬度

硬度是指矿物晶体抵抗外力对它刻画、压入和研磨的能力。德国矿物学家摩斯（F.Mohs）于 1822 年提出了摩氏硬度的概念，他将 10 种常见的矿物按抵抗刻画能力大小的顺序分成 10 个等级，数字越大的摩氏硬度越大。

摩氏硬度等级

摩氏硬度	标准矿物
1	滑石
2	石膏
3	方解石
4	萤石
5	磷灰石
6	长石
7	石英
8	黄玉（托帕石）
9	刚玉
10	金刚石

以上 10 种标准矿物的摩氏硬度等级只表示其硬度的相对大小，各等级之间硬度差异的大小并不均等。摩氏硬度可对矿物晶体的相对硬度进行测定，例如某矿物晶体可划动石英，但不能划动黄玉，那么这种矿物晶体的硬度就为 7~8。

指甲的摩氏硬度为 2.5，铜针为 3，窗户玻璃为 5~5.5，钢刀片为 5.5~6，钢锉为 6.5~7，在实际场景中，我们常利用这些常规物体对矿物晶体的摩氏硬度进行测定。

9　矿物晶体的密度

密度是单位体积物质的质量。相对密度是物质的密度与参考物质的密度在各自规定的条件下之比。矿物相对密度是纯净矿物在空气中的质量与同体积纯水质量之比（4℃时）。根据相对密度的大小，矿物晶体可分为轻级、中级和重级。轻级矿物晶体的相对密度小于 2.5，比如石墨（2.09）、石盐（2.1~2.2）和石膏（2.3）。中级矿物晶体的相对密度为 2.5~4，比如石英（2.65）、萤石（3.18）和金刚石（3.52）。重级矿物晶体的相对密度大于 4，比如自然金（15.6~19.3）、黄铁矿（4.9~5.2）和重晶石（4~4.6）。

10　矿物晶体的脆性与韧性

矿物晶体受外力作用不易破碎的性质称为韧性。矿物晶体受外力作用容易破碎的性质称为脆性。脆性大的矿物其棱角容易发生崩口。矿物晶体脆性和韧性主要与矿物晶体的结构有关，与其硬度不具相关关系，如无色金刚石的硬度最大，但是它具有脆性，容易破碎。一般来说，三向等长型的非金属矿物的脆性大，纤维状矿物集合体的韧性较强。

11 矿物晶体的电学性质

导电性是指矿物晶体对电流的传导能力。矿物晶体的导电性是由矿物晶体的自身性质决定的，可作为矿物晶体的鉴别特征。

根据导电能力的大小，矿物晶体可分为良导体、半导体和绝缘体。自然铜等自然金属和磁黄铁矿等金属硫化物是电的良导体；赤铁矿等铁锰氧化物和金刚石等少数非金属矿物是半导体；云母等非金属矿物属于绝缘体。

导电性还可以用来区别天然矿物晶体和人工处理的矿物晶体。如天然的蓝色金刚石由于其中含微量的硼而具有弱导电性；用辐射处理或由染色而形成的蓝色金刚石则没有导电性。

某些矿物晶体具有压电性，在压缩时产生正电荷的部位，在拉伸时会产生负电荷。在一压一张的机械作用下，矿物晶体可产生一交变电场。同理，把具有压电性的矿物晶体放进一个交变电场中，它就会产生一伸一缩的机械振动。石英钟、石英表就是利用了石英矿物晶体的压电性制作的。

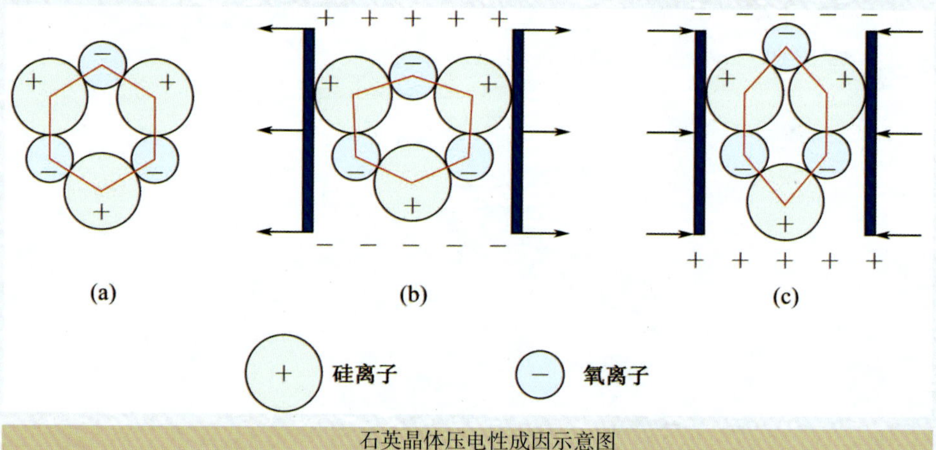

石英晶体压电性成因示意图

12 矿物晶体的热导性

热导性是矿物晶体对热传导的性质。矿物晶体的相对热导率通常是以尖晶石热导率为基数计算出来的。

常见矿物晶体的相对导热率（导热系数）

矿物晶体	相对热导率
金刚石	59.6 ~ 170.8
金	44
银	31
金红石	0.63
石英	0.5 ~ 0.94
电气石	0.45
刚玉	2.96
尖晶石	1
赤铁矿	0.96
翡翠	0.4 ~ 0.56
锆石	0.39
玻璃	0.08

从表中数据可知，金刚石的相对热导率最大，人们利用金刚石的这个特点制作了热导仪并用来鉴别金刚石。用热导仪检测疑是金刚石的天然矿物晶体时，如果热导仪红灯闪烁并发出声响，可确定是金刚石。但是如今人造的碳化硅（又称为莫桑石或莫桑钻）的相对热导率也达到使热导仪“报警”的范围，所以目前能使热导仪“报警”的，要进一步确认是金刚石还是碳化硅。

13 矿物晶体的放射性

天然矿物晶体的放射性是其中的放射性元素引起的，比如含有放射性元素铀（U）的锆石具有一定的放射性。另外，经放射性处理的矿物晶体，也会有少量残留的放射性。超出安全剂量的高放射性会伤害人体，所以对具有放射性的矿物晶体应进行放射性评价，防止放射性超标对人产生伤害。

具有高放射性的矿物虽然可能伤害人体，但是它们在改善人类生活方面也做出了巨大贡献。比如核发电中用到的原料就是从具有放射性的铀矿物中提炼的。

钒钙铀矿

钙铀云母

硅钾铀矿

准铜铀云母

14 矿物晶体的磁性

矿物晶体的磁性主要由其中的铁（Fe）、钴（Co）、镍（Ni）、钛（Ti）和钒（V）等元素引起，磁性的强弱取决于这些金属元素含量的多少。整块能被永久磁铁吸引的属于强磁性矿物晶体，如磁铁矿。只有粉末才能被永久磁铁吸引的属于弱磁性矿物晶体，如铬铁矿。即使是粉末也不能被永久磁铁吸引的属于无磁性矿物晶体，如黄铁矿。

强磁性（磁铁矿）

弱磁性（铬铁矿）

无磁性（黄铁矿）

第二篇

常见矿物晶体特征

15 金 刚 石

金刚石属于自然元素矿物，其化学成分主要为碳（C），常含氮（N）、硼（B）、铍（Be）、铝（Al）等微量元素。金刚石的单晶体常为八面体、四面体和菱形十二面体，但常出现歪晶（晶棱晶面常弯曲成浑圆状）。晶体表面常有三角形、网格、锥形等蚀像。

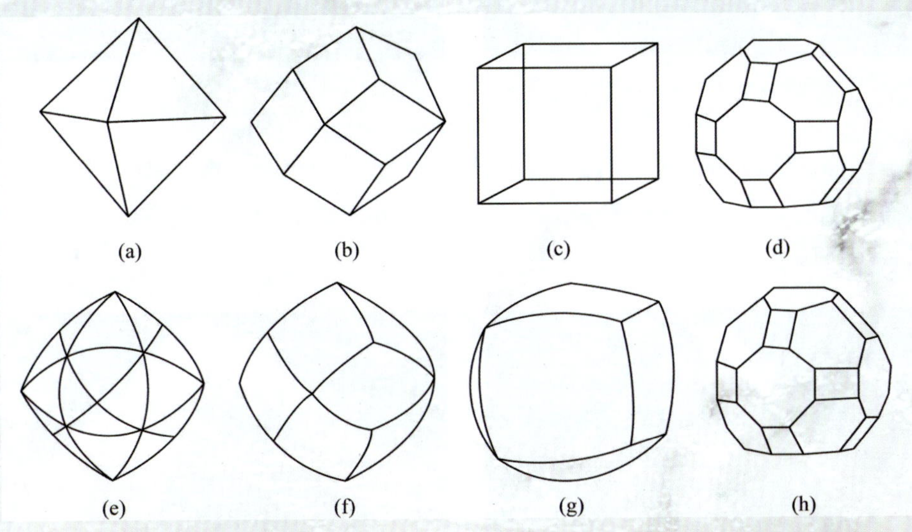

金刚石单晶体形态

金刚石形态－完美八面体，表面有三角形凹坑

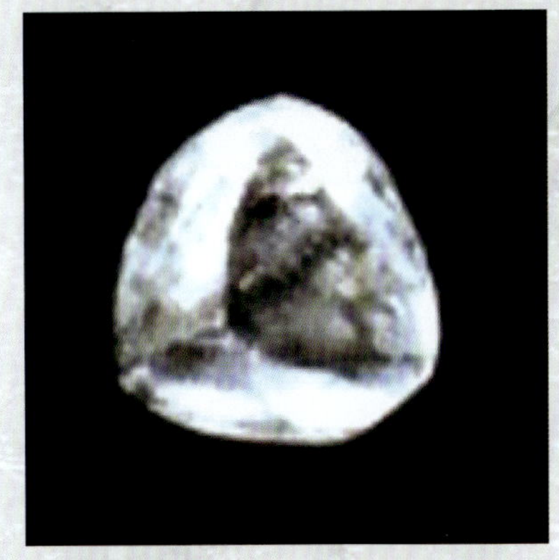

金刚石形态－变形八面体

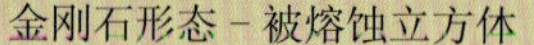

金刚石形态－被熔蚀立方体

金刚石形态－变形立方体

纯净的金刚石无色，含杂质的金刚石多带浅的色调，极少数天然金刚石具有浓艳的蓝色、红色、金色、绿色、紫色和黑色等，这些艳色的金刚石极其稀少，属于珍品。

无色金刚石－透明、金刚光泽

黄色金刚石－透明、金刚光泽

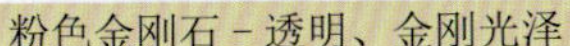

粉色金刚石－透明、金刚光泽

绿色金刚石－透明、金刚光泽

金刚石具有典型的金刚光泽。色散度为 0.044，加工合格的金刚石（称为钻石）内部有清晰的色散现象，转动该钻石，在亭部底面上可见到橙色和蓝色闪光的柔和色散。金刚石的摩氏硬度为 10，是最硬的矿物晶体，所以其加工成品钻石的表面光滑，没有划痕，而且刻面平整、棱角锋利。金刚石晶体具有中等到完全的八面体解理。

金刚石的加工成品钻石有明显的色散

金刚石晶体完全等级的八面体解理

金刚石的导热性非常好，热导率为 0.35。以尖晶石的热导率为 1 的话，金刚石的相对热导率则为 70.7~212。目前，用钻石热导仪测试检查金刚石（钻石）时，热导仪会“报警”（即红灯会亮并发出声音）。但是必须注意的是，目前人造碳化硅（莫桑钻）的热导率值也很大，达到了热导仪的“报警”范围。如何区别钻石和碳化硅（莫桑钻）呢？在放大镜下观察宝石的棱线，钻石的棱线是单线，而碳化硅（莫桑钻）的棱线是双线（由双折射造成的）。

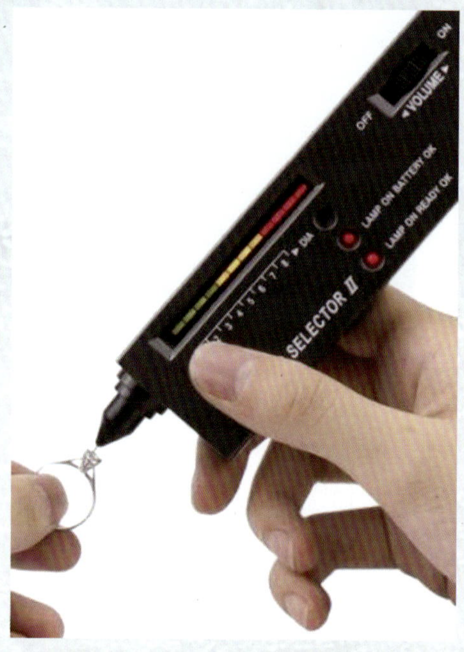

钻石热导仪检测钻石

钻石棱线无重影

碳化硅（莫桑钻）棱线有重影

拓展知识 1

世界最大的宝石级金刚石——库利南（Cullinan）

库利南（Cullinan）是以矿主名字命名的宝石级金刚石，1905 年 1 月 26 日在马斯·库利南的普列米尔（Premier）矿区的金伯利岩岩管中被发现。库利南金刚石长 10 厘米，宽 6.5 厘米，厚 5 厘米，似成人拳头大小，质量为 3 106 克拉，是迄今世界上最大的宝石级金刚石。库利南金刚石晶形不完整，是一个晶体碎块，浅蓝白色，透明，品质极佳。库利南金刚石当时以 15 万英镑的价格被收购，并于 1907 年被献给当时英国的国王爱德华七世。

1908 年初，库利南金刚石被送到当时最权威的琢磨钻石的城市——荷兰的阿姆斯特丹，交给约·阿斯查尔公司加工，加工费 8 万英镑。

库利南金刚石

由于库利南原石太大，加工前需要被劈成小块。劈开它是一件极其困难的事情，因为如果研究不够或技术欠佳，这块巨大的宝石可能被打碎成一堆没有什么价值的小碎片。劈开工作由荷兰的知名工匠约·阿斯查尔承担。他用了几个星期的时间研究库利南金刚石，按它的大小和形状造了一个玻璃模型，并设计制作了一套工具。他先用这套工具对玻璃模型进行劈开试验，模型按照设想被劈开。休息几天后，1908 年 2 月 10 日，阿斯查尔和助手来到专门的工作室，他们先将库利南金刚石放在一个大钳子里紧紧钳住它，再将一根特制的钢楔放在它上面预先磨出的槽中。然后阿斯查尔用一根沉重的棍子敲击钢楔，“啪”的一声，库利南金刚石纹丝不动，钢楔却断了。阿斯查尔脸上淌着冷汗，在那紧张得像要爆炸的气氛中，他放上了第二根钢楔，再使劲地敲击一下，这一次库利南金刚石按照设想裂为两半，但阿斯查尔却昏倒在地板上了。随后，库利南金刚石被分割成 106 块，由三个熟练工对它们进行琢磨。三位师傅每天工作 14 小时，耗费了 8 个月，一共磨成了 9 粒大钻石、96 粒小钻石，并特意留下一块质量为 9.5 克拉的原石未加工。

约·阿斯查尔劈开库利南金刚石

库利南金刚石加工出来的 9 粒大钻石

最大的钻石(Cullinan-1)质量为530.2克拉,梨形,有74个刻面,非常美观,被命名为“伟大的非洲之星”(Great Star of Africa)。该钻石后被镶嵌在英国国王的权杖上,现被珍藏于英国的白金汉宫。

“伟大的非洲之星”钻石

镶嵌在权杖上的“伟大的非洲之星”

第二大钻石(Cullinan-2)质量为317.4克拉,呈圆垫(cushion)形,有64个面,极漂亮,曾镶嵌在英国女王伊丽莎白(Queen Elizabeth)二世的皇冠上。

Cullinan-2 钻石

镶嵌于王冠上的
Cullinan-2 和 Cullinan-3 钻石

拓展知识 2

“常林钻石”是中国最大的金刚石，质量为 158.78 克拉，是 1977 年 12 月 21 日山东省临沭县岌山镇常林村村民魏振芳在耕地时发现的。

常林钻石

拓展知识 3

宝石级金刚石的加工成品被称为钻石。钻石硬度最大、内部纯净、极为稀少，被称为宝石之王。钻石被认为是纯洁、富贵和永恒的象征，是结婚的信物、四月生辰石和结婚六十周年的纪念石。

人类认识和利用钻石历史悠久，并在利用的过程中创造了光辉的钻石文化。据印度史诗《玛哈帕腊达》记载，四千多年前人们就会用钻石装点英雄的眼睛。又如，大英博物馆里的一个公元前 480 年制作的古希腊青铜雕像的眼睛用的便是金刚石。

马克西米连一世与玛莉公主定情时的照片

公元 1447 年 8 月 17 日，奥地利的马克西米连一世与法国勃艮第的玛莉公主定情时，马克西米连一世将一枚钻石戒指戴在公主的手上，玛莉公主成为历史上第一位接受钻石戒指作为定情信物的皇室女性。

16 刚 玉

刚玉是一种氧化物矿物，其化学成分主要是三氧化二铝（Al_2O_3），常含三氧化二铬（Cr_2O_3）、二氧化钛（TiO_2）、氧化镍（NiO）、三氧化二铁（Fe_2O_3）、氧化亚铁（FeO）、氧化钴（CoO）和三氧化二钒（V_2O_3）等。纯净刚玉无色，含少量三氧化二铬（Cr_2O_3）的呈各种红色，含二氧化钛（TiO_2）、氧化镍（NiO）、三氧化二铁（Fe_2O_3）和氧化亚铁（FeO）等的呈现各种蓝色以及绿色、黄色、粉色或褐色等。

各种颜色的刚玉及其加工成品

刚玉晶体常为六边形桶状、柱状、板状和双锥状，在柱面上常有横纹，并具有两个方向的裂纹。有些刚玉晶体内部能看见清晰的六边形生长纹。

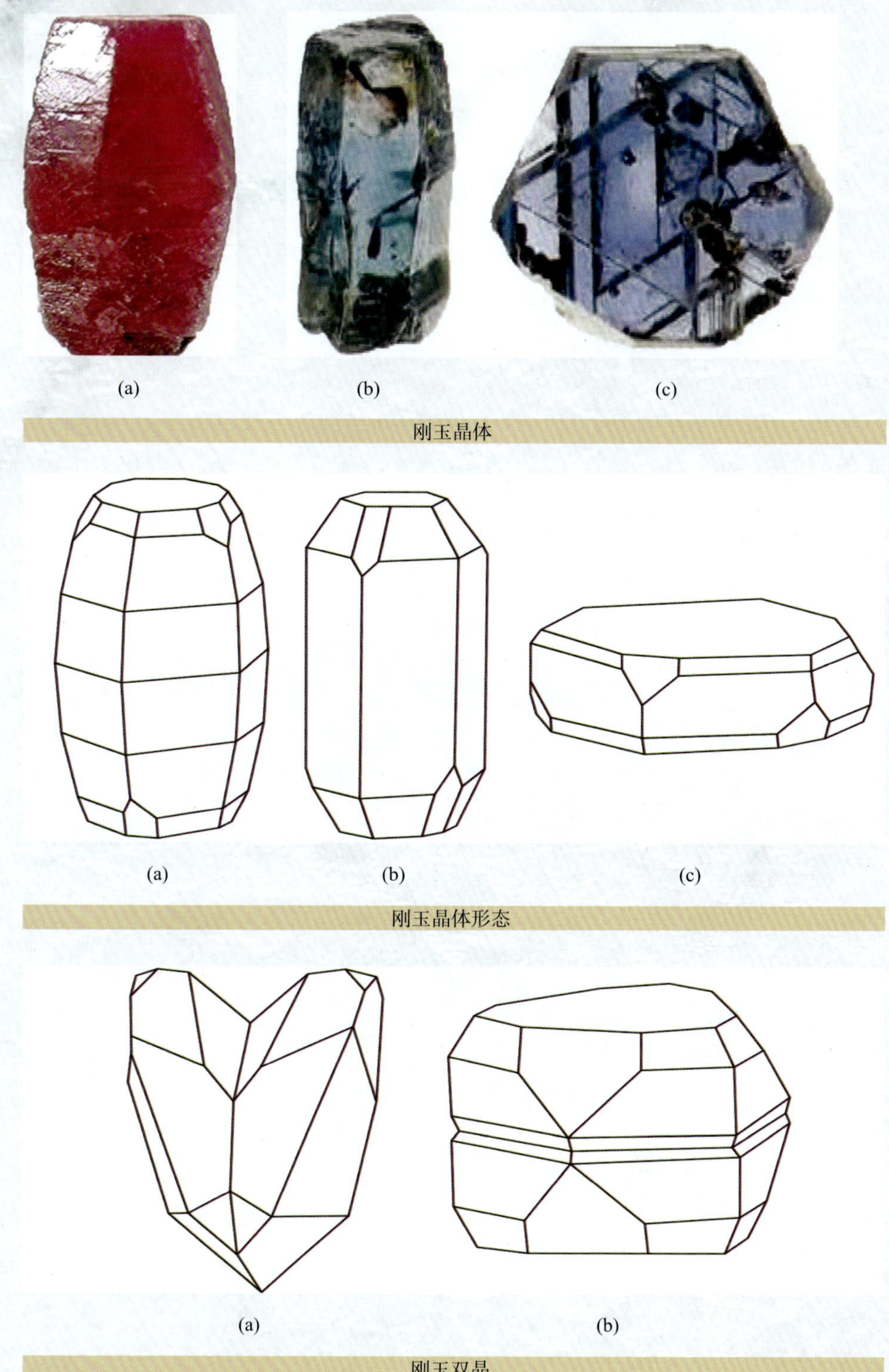

(a) (b) (c)

刚玉晶体

(a) (b) (c)

刚玉晶体形态

(a) (b)

刚玉双晶

刚玉裂纹

刚玉内部生长纹

刚玉晶体一般有强玻璃光泽，透明或微透明，少数刚玉因含较多的纤维状包裹体而不透明并可能出现丝绢光泽和星光效应。

红色刚玉的星光效应（经过定向加工的成品）

蓝色刚玉的星光效应（经过定向加工的成品）

刚玉具有中等到强的多色性。红色刚玉的多色性为紫红－橙红或玫红－浅红，即观察晶体的横断面是枚红色，柱面是橙红色。蓝色刚玉的多色性为紫蓝－浅蓝或蓝－蓝绿，即观察晶体的横断面是蓝色或浅蓝色，柱面是蓝绿色。黄色刚玉的多色性为黄－浅黄，即观察晶体的横断面是黄色，柱面是浅黄色。

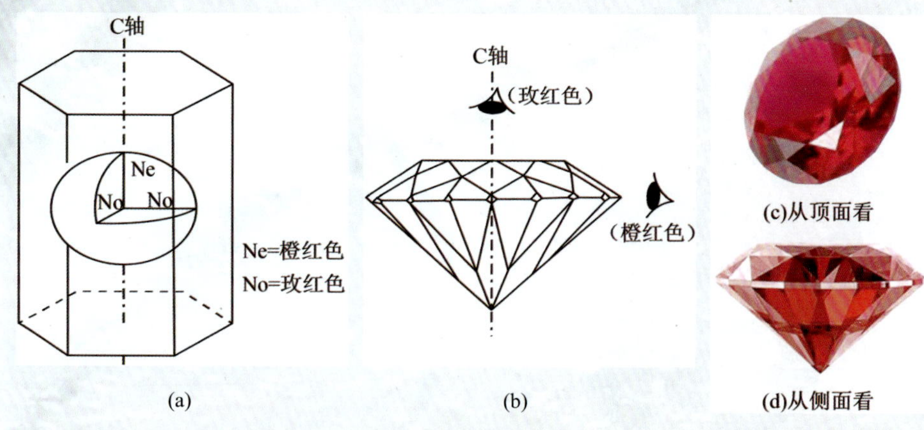

红色刚玉的多色性

刚玉的摩氏硬度为9，仅次于金刚石，其化学性质非常稳定，在空气中经久不变，不溶于酸，不会燃烧，熔点高达2 050℃。少数红色刚玉具有荧光。

正常光下的红色刚玉

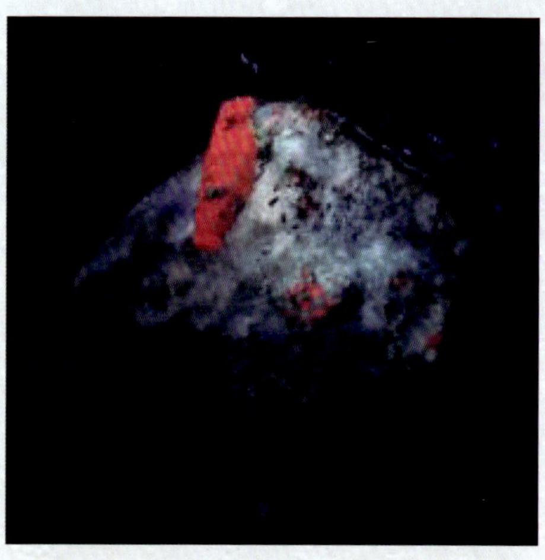

荧光下的红色刚玉

拓展知识

宝石级刚玉就是红宝石原石或蓝宝石原石，其中红色者为红宝石，其他颜色者统称为蓝宝石，优质红宝石和蓝宝石都是世界级珍贵宝石。红宝石鲜红似火、绚丽热烈，常被比作炽热的爱情，为七月生辰石和结婚四十周年的纪念石。蓝色蓝宝石清澈透蓝被看作诚实和德高望重的象征，为九月生辰石和结婚四十五周年的纪念石。

17 绿 柱 石

绿柱石是一种铍铝硅酸盐矿物，化学分子式为 $Be_3Al_2(SiO_3)_6$，可以含少量锂（Li）、钠（Na）、钾（K）、铷（Rb）和铯（Cs），以及微量的铁（Fe）、镁（Mg）、铬（Cr）、锆（Zr）、铌（Nb）和锡（Sn）等。晶体呈六方柱状，纯净的绿柱石无色，但多数绿柱石常含致色微量元素而呈现绿色和天蓝色。绿柱石为透明到半透明，其晶面为玻璃光泽，具有贝壳状、参差状断口，摩氏硬度为 7.25~7.75，相对密度为 2.7~2.9。

绿色绿柱石晶体 – 六方柱、
绿色、透明、玻璃光泽、参差状（贝壳状断口）

天蓝色绿柱石 – 六方柱、
天蓝色、透明、玻璃光泽

红色绿柱石晶体 –
六方柱、红色、透明、玻璃光泽

黄色绿柱石晶体 –
六方柱、黄色、透明、玻璃光泽

拓展知识

优质透明的绿色绿柱石是高档宝石祖母绿的原石，优质透明的天蓝色绿柱石是海蓝宝石的原石。

祖母绿戒面和戒指

海蓝宝石戒指

祖母绿是绿柱石类宝石中最珍贵的一种，它深受人们喜爱，其绿色被誉为最漂亮的绿色，属高档宝石。祖母绿是五月生辰石，代表春天大自然的美景，同时还是忠诚、仁慈和善良的象征。

海蓝宝石的珍贵程度远不及祖母绿，但长期以来海蓝宝石一直被人们所喜爱，尤其是被年轻人喜爱。海蓝宝石是三月生辰石，也是幸福和永葆青春的象征。

18 金绿宝石

金绿宝石是一种铍铝氧化物矿物，化学分子式为 $BeAl_2O_4$，含有少量铁（Fe）、铬（Cr）和钛（Ti）等微量元素。

金绿宝石晶体呈扁平状、板状和短柱状。晶面上常有平行条纹，具有三连晶环状双晶。

金绿宝石为浅 – 中等的黄色、黄绿色、灰绿色、褐色至黄褐色以及罕见的浅蓝色，透明或不透明，呈玻璃光泽。部分金绿宝石具有猫眼效应和变色效应，形成了金绿宝石猫眼石和变石两种高档宝石。

金绿宝石常出现贝壳状断口，摩氏硬度为 8~8.5，相对密度通常为 3.72。

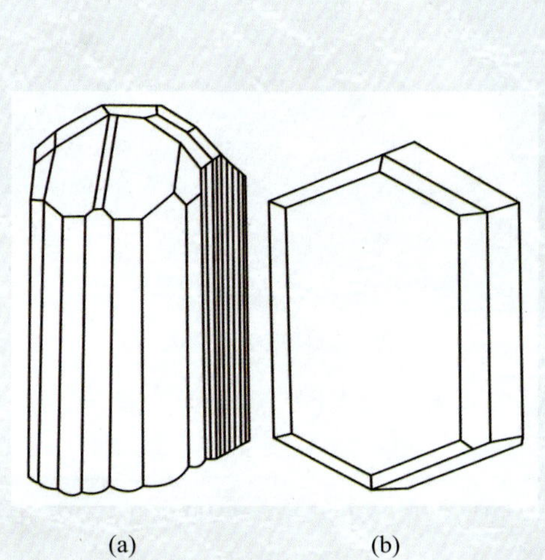

(a) (b) (c)

红绿宝石晶体形态

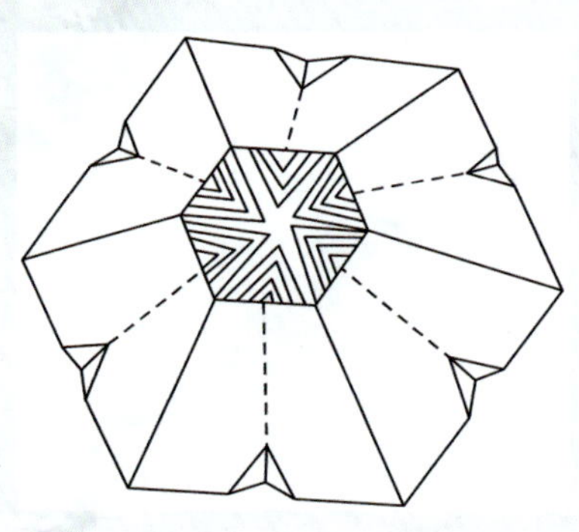

(a) 三连晶环状晶体

(b)

金绿宝石的三连晶环状双晶

(a)日光灯或自然光下　　(b)白炽灯或手电筒光下

金绿宝石的变色效应

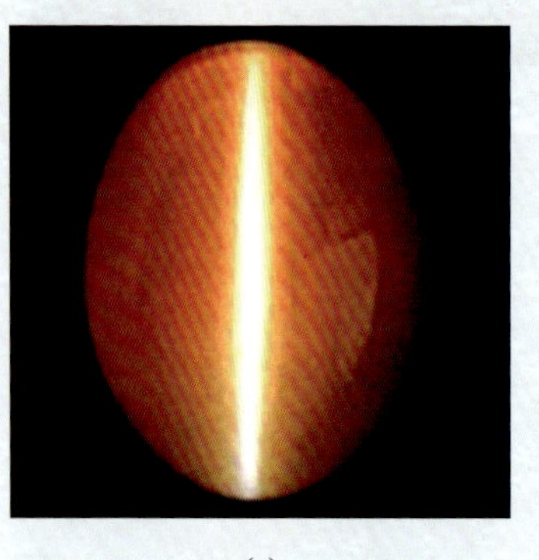

(a)

(b)

金绿宝石的猫眼效应

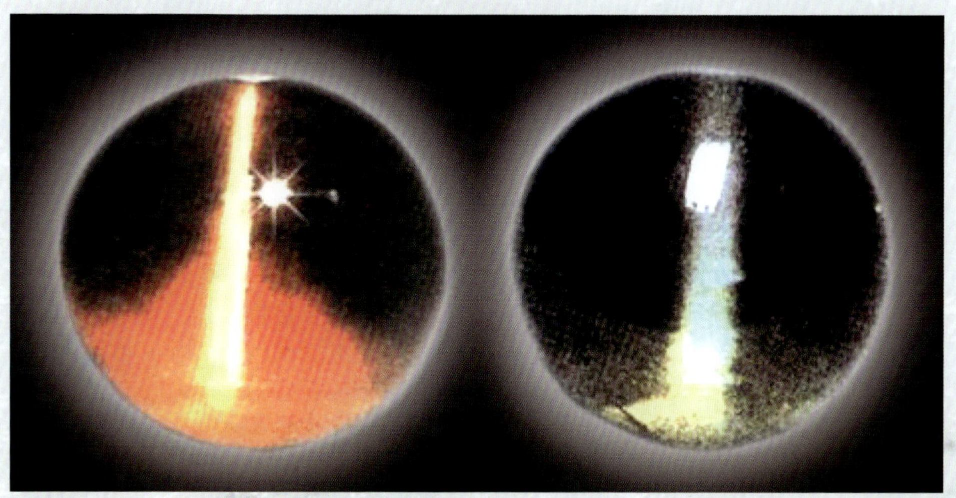

(a) 红光灯下　　(b) 绿光灯下

变色猫眼石

19 电气石（碧玺）

电气石是一种硼硅酸盐矿物，分子式为（Na，Ca）（Mg，Fe，Li，Al）$_3$ $Al_5[Si_6O_{18}][BO_3]_3$（OH，F）。富铁（Fe）者呈黑色，富锂（Li）和锰（Mn）者呈玫红色或淡蓝色，富镁（Me）者呈褐色或黄色，富铬（Cr）者呈深绿色。色泽艳丽、透明的电气石被称为碧玺。

电气石属于三方晶系，常呈三方柱状，三方柱的晶面常向外凸，横断面呈球面三角形，柱面通常有清晰的竖纹。

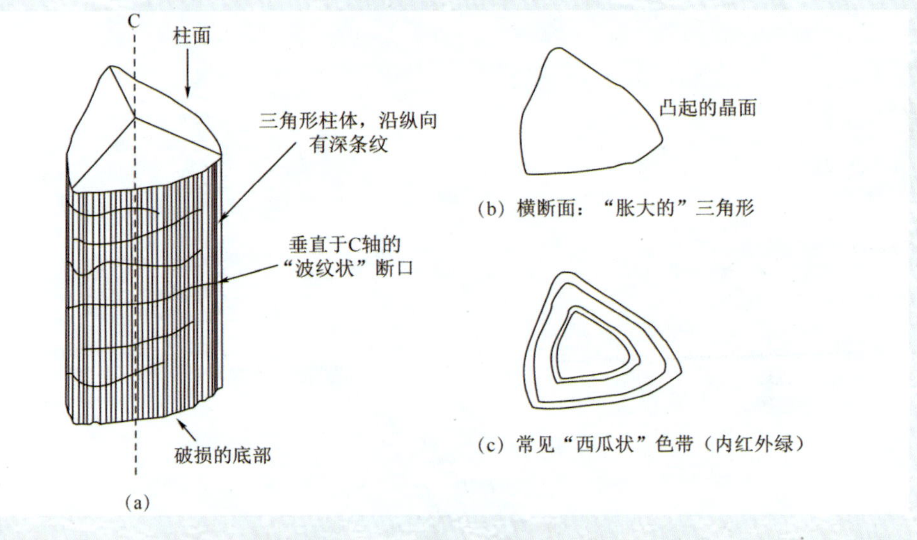

电气石晶形示意图

电气石为透明－半透明－不透明，玻璃光泽，无解理，贝壳状断口，摩氏硬度为 7~7.5，相对密度为 3.01~3.11，具热电效应和压电效应。含大量相互平行的纤维状或线状空穴的碧玺被切磨成弧形宝石后可显示猫眼效应。

彩色电气石 – 三方柱状，
枚红色，透明，明显竖纹

彩色电气石 – 西瓜碧玺

彩色电气石 – 三方柱状，
绿色，透明，明显竖纹

黑色电气石 – 三方柱状，
黑色，不透明，明显竖纹

拓展知识 1

1880 年，居里兄弟发现了电气石具有永久的自发电性，表面总是带有微电流，因此命名该矿物为“电气石”。

拓展知识 2

碧玺是自然界色泽艳丽、透明无瑕的电气石，碧是指绿色，玺为皇帝的御印，是帝王的象征，我国清代皇宫有较多的碧玺饰物。碧玺是深受人们喜爱的中档宝石品种，为十月生辰石，象征“安乐、平安”。

20 尖晶石

尖晶石为镁铝氧化物矿物，化学分子式为$MgAl_2O_4$，其中Mg^{2+}可被Fe^{2+}、Zn^{2+}、Co^{2+}和Mn^{2+}等以类质同像方式替换，而Al^{3+}可被Fe^{3+}和Cr^{3+}等替代。纯净的尖晶石无色，含其他微量元素的可呈现红色、蓝色、绿色、粉红色、紫红色、黄色、橙色、褐色、紫色等多种颜色。

尖晶石晶体常呈八面体形态，有时呈八面体与菱形十二面体和立方体的聚形，具有接触双晶。

红色尖晶石晶体－八面体与菱形十二面体聚形，红色，透明，强玻璃光泽

蓝色尖晶石晶体－八面体与立方体的聚形，蓝色，透明，玻璃光泽

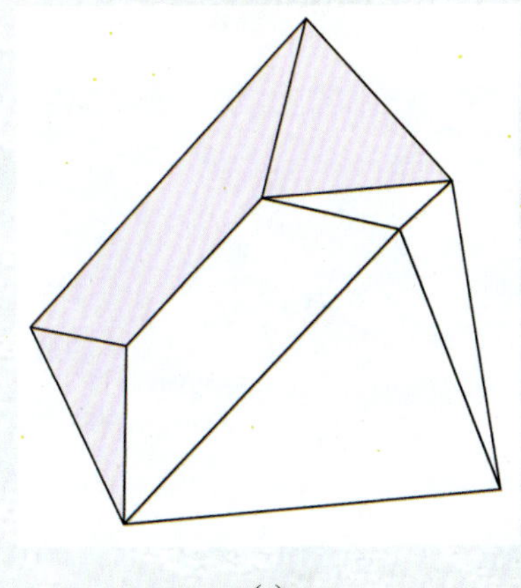

(a)

(b)

尖晶石双晶

尖晶石具有强玻璃光泽至亚金刚光泽，透明至半透明。少数尖晶石具有星光效应（四射星光、六射星光）和变色效应。尖晶石无解理，贝壳状断口，摩氏硬度为 8，相对密度为 3.6，少数尖晶石具有荧光现象。

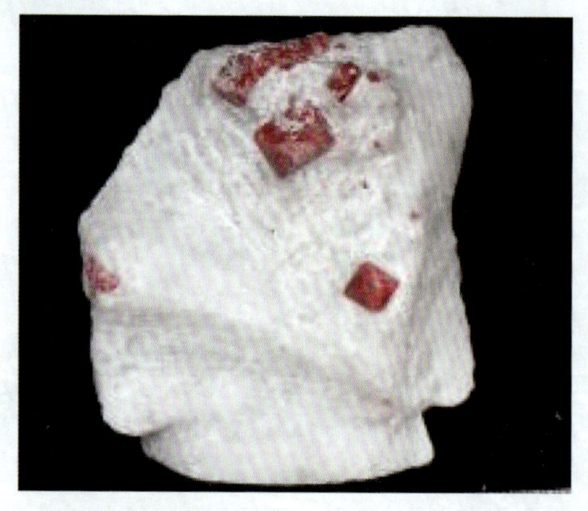

正常光下的尖晶石

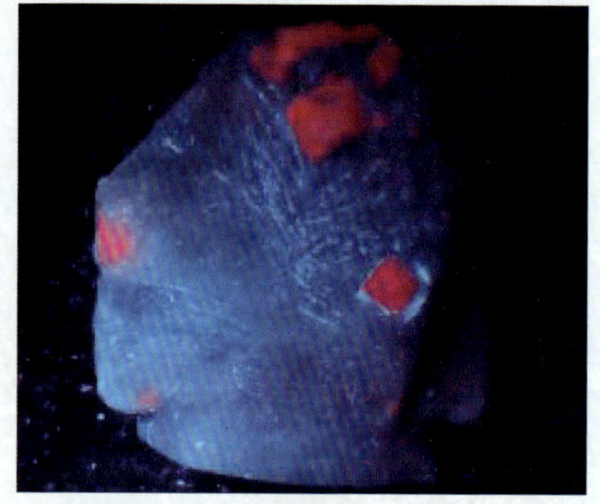

长波段紫外荧光下的尖晶石

拓展知识

透明的或有特殊光学效应的尖晶石矿物可以作为宝石使用。红色尖晶石酷似红宝石，早期被误认为是红宝石。英国王冠上的黑太子红宝石（Black Prince's Ruby）和铁木耳红宝石（Timur Ruby）就是两颗红色尖晶石。

(a)

(b)

王冠上的红色尖晶石－黑太子红宝石

铁木尔红宝石被认为是世界上最迷人、最知名并富有传奇色彩的红色尖晶石，产于阿富汗，361 克拉，艳红色，没有切面，只有自然抛光面，更突显宝石的自然美。

(a)

(b)

红色尖晶石 – 铁木耳红宝石

21 石　英

石英是一种氧化物矿物，其化学成分主要为二氧化硅（SiO_2），含少量钙（Ca）、镁（Mg）、铁（Fe）、锰（Mn）和镍（Ni）等元素。纯净的石英无色，含其他元素可呈现紫色、黄色、茶色和灰黑色。纯净透明的石英酷似冰块，被称为水晶。

石英晶体形态常为六方柱、菱面体、三方双锥等，晶面常见有横纹和双晶纹。水晶单晶大的可达数吨，小的仅数克。

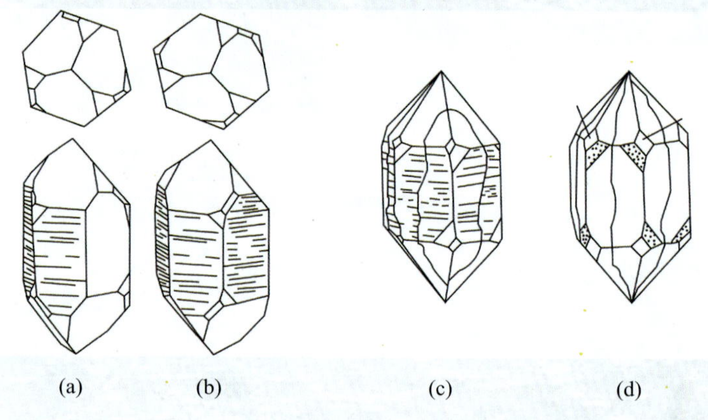

水晶晶形示意图

石英晶体为透明－半透明，晶面为玻璃光泽，断口可具油脂光泽。一般无解理，贝壳状断口，摩氏硬度为 7，相对密度为 2.65。

石英（水晶晶簇）－六方柱水晶晶簇，无色或浅绿色，透明，晶面玻璃光泽

茶色石英晶簇（茶色水晶晶簇）－六方柱水晶晶簇，茶色，透明，晶面玻璃光泽

石英单晶（水晶柱）–六方柱和六方锥聚形，淡粉色，透明，晶面玻璃光泽，断口油脂光泽，无解理

紫色石英单晶（紫水晶）–六方柱和六方锥聚形，紫色，透明，晶面玻璃光泽

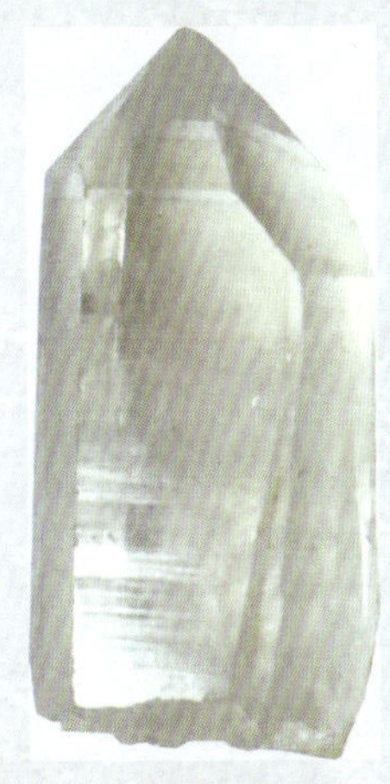

无色水晶单晶–六方柱，晶面有横纹，无色，透明，晶面玻璃光泽

茶色水晶单晶–六方柱，晶面有横纹，茶色，透明，晶面玻璃光泽

石英和玛瑙的化学成分都是二氧化硅（SiO_2），但是玛瑙是没有结晶的胶状集合体。石英有时会与玛瑙一起构成美丽的图案。

外圈是有玛瑙纹的玛瑙，圈内是沿着玛瑙壁向中心生长的石英晶体

拓展知识

我国最大的水晶高约1.7米，宽达1米，质量为3.5吨，无色透明，被称为“水晶王”。该“水晶王”是1958年7月江苏省东海县房山镇柘塘村副业队发现的，现存于中国地质博物馆。

“水晶王”

22 石榴子石

石榴子石族矿物晶体是镁铝、铁铝、锰铝硅酸盐系列和钙铬、钙铝、钙铁硅酸盐系列的矿物，包括镁铝榴石、铁铝榴石、锰铝榴石亚种、镁铝榴石、铁铝榴石和锰铝榴石亚种。

石榴子石晶体常呈菱形十二面体、四角三八面体以及二者的聚形。在自然界中，由于生长条件并不理想，石榴子石常出现歪晶。

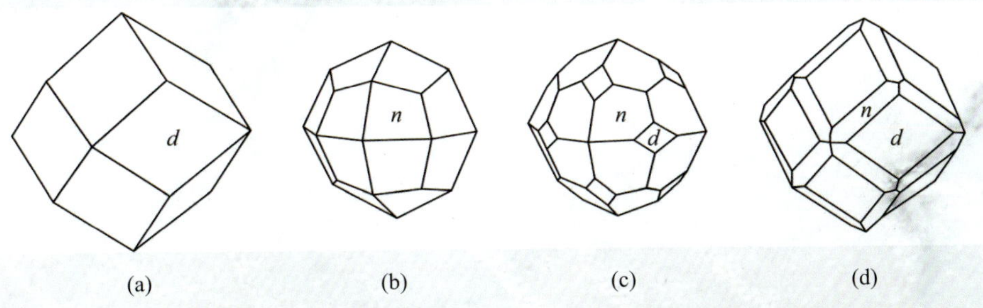

石榴子石理想晶形示意图（菱形十二面体 d；四角三八面体 n）

菱形十二面体（绿色石榴子石）

四角三八面体
与菱形十二面体聚形的石榴子石（1）

四角三八面体
与菱形十二面体聚形的石榴子石（2）

橙红色石榴子石粒状集合体

棕红色石榴子石粒状集合体

桔黄色石榴子石粒状集合体

石榴子石颜色变化较大，有红、黄和绿三个主色调系列。石榴子石无多色性，常为强玻璃光泽－玻璃光泽、透明－半透明，解理通常不发育，参差状断口，摩氏硬度为 6.5~7.5，相对密度为 3.6~4.2。

拓展知识 1

石榴子石晶体与水果石榴的籽实十分相似，故名“石榴子石”，也称“石榴石”。其英文名称为 garnet，由拉丁文“granatum”演变而来，意思是“像种子一样”。

拓展知识 2

品质好的紫红色石榴子石在宝石商业上被称为紫牙乌，英文名称为 garnet，其折光率高、光泽强、颜色美丽，深受人们的喜爱。石榴子石是一月生辰石，被认为是信仰、坚贞、纯朴的象征。

紫牙乌

23 云　母

云母是最常见的片状矿物，在沙滩中常见的白色闪亮的小片状矿物就是云母。云母具有层状的内部结构，晶体呈假六方片状或板状，具有极完全的层状解理，沿着解理面可撕裂出一层层的薄片，而且薄片具有弹性，薄片的表面具有珍珠光泽。云母主要由钾（K）、铝（Al）、镁（Mg）、铁（Fe）和锂（Li）等金属的铝硅酸盐组成，由于成分差异，云母具有多种颜色，根据成分和颜色，云母被划分为黑云母、金云母、白云母、锂云母和铬云母。

黑云母为镁铁硅酸盐矿物，通常为黑色或暗绿色，具有较高的抗压强度和韧性，常用于建筑、地质勘探和化工等领域。

金云母是含铁（Fe）、镁（Mg）和钾（K）的一种铝硅酸盐矿物，常呈黄褐色、红褐色、浅黄色，为透明－半透明。纯净的金云母是电气工业上的上等绝缘材料，此外金云母也被广泛应用于真石漆涂料中。

白云母是铝钾硅酸矿物，薄片的无色透明，厚片的带浅黄、浅绿或棕色，半透明。白云母具有很高的电绝缘性、耐热性和良好的机械性能，作为绝缘材料广泛用于电器工业。白云母的边角料和粉末可用于建材、耐火材料、橡胶等工业中。鳞片状细小的白云母称为绢云母。

锂云母是钾（K）和锂（Li）的铝硅酸盐，常见淡紫色、黄绿色、玫红色和丁香紫色，含锰（Mn）的可呈现桃红色，为透明－半透明。锂云母是提取锂（Li）的矿物原料。

铬云母是泛指含铬（Cr）的云母。铬（Cr）常可替代铝（Al）、铁（Fe）和锰（Mn）等三阶阳离子形成含铬白云母、含铬黑云母、含铬金云母等。铬云母都呈不同深浅的绿色，是一些玉石、彩石的重要着色矿物。

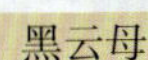

黑云母

金云母

白云母

锂云母

铬云母

24 长　石

长石是地表最常见的一种矿物，它是含钙（Ca）、钠（Na）和钾（K）的铝硅酸盐类造岩矿物。常见的有斜长石、钾长石、天河石和透长石。长石为板条状晶体，斜长石多为乳白色，钾长石为肉红色，天河石为蓝绿色，透长石为无色。长石为透明－半透明，晶面有玻璃光泽，具有完全解理，摩氏硬度为6，相对密度为2.55 ~ 2.75。斜长石具有聚片双晶，钾长石具有卡氏双晶。斜长石中的拉长石具有变彩效应。

斜长石

钾长石

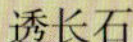

透长石

天河石

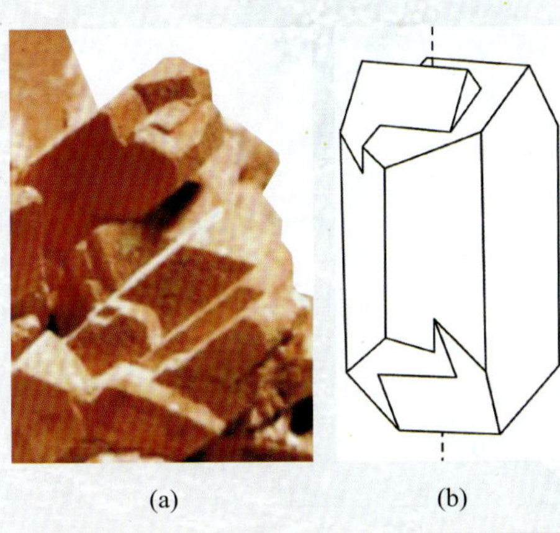

(a) (b)

长石的卡氏双晶

拉长石的变彩效应

25 方 解 石

方解石是一种碳酸盐矿物，其主要化学成分是碳酸钙（$CaCO_3$），常含锰（Mn）、铁（Fe）、锌（Zn）、镁（Mg）、铅（Pb）、锶（Sr）、钡（Ba）和钴（Co）等微量元素。纯净方解石无色，含微量元素时可呈现浅黄和浅红色，其中无色透明的方解石被称为冰洲石。

方解石晶体形态从高温到低温，依次为片状、板状、双锥状、柱状和菱面体。方解石为透明－半透明，晶面玻璃光泽。具有完全的菱面体解理。方解石常出现平行连生。有些方解石具有荧光和磷光特征。

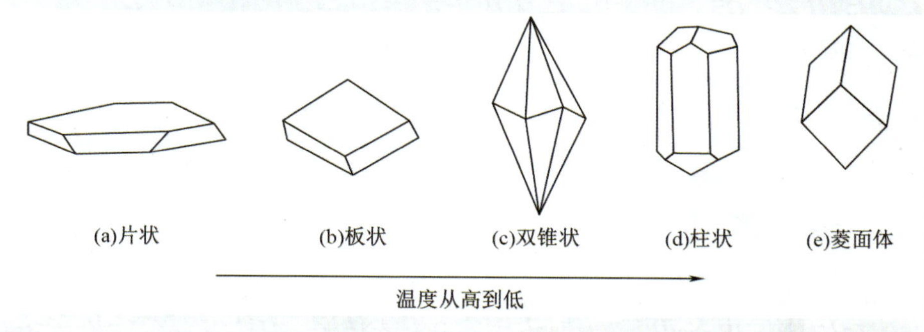

方解石晶体状态

方解石片状形态

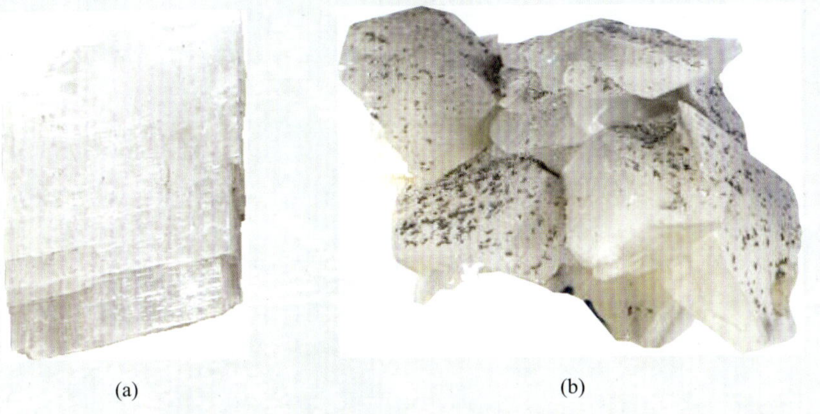

(a) (b)

方解石板状形态

(a) (b)

方解石双锥状形态

方解石柱状形态

方解石菱面体形态

方解石菱面体的平行连生

(a)

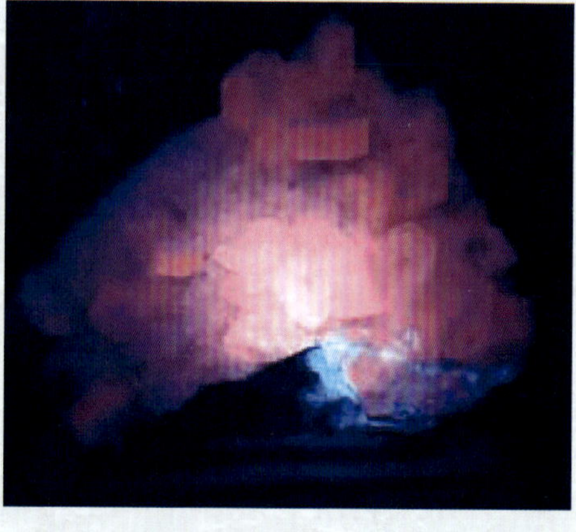
(b)

方解石在正常光下的照片和在长波段紫外荧光下的荧光照片（1）

(a)

(b)

方解石在正常光下的照片和在长波段紫外荧光下的荧光照片（2）

(a)

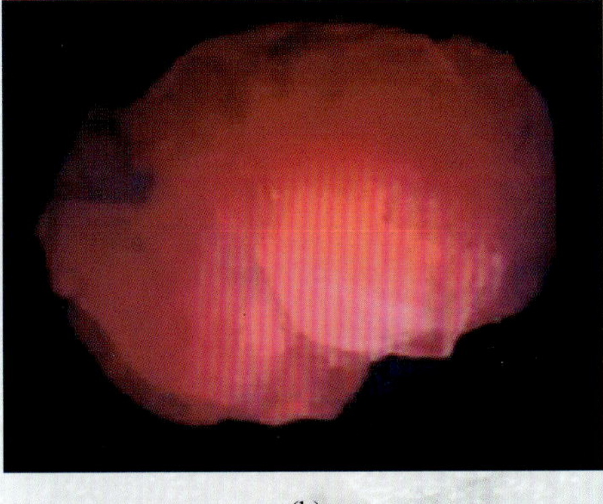
(b)

方解石在正常光下的照片和在长波段紫外荧光下的荧光照片（3）

(a)

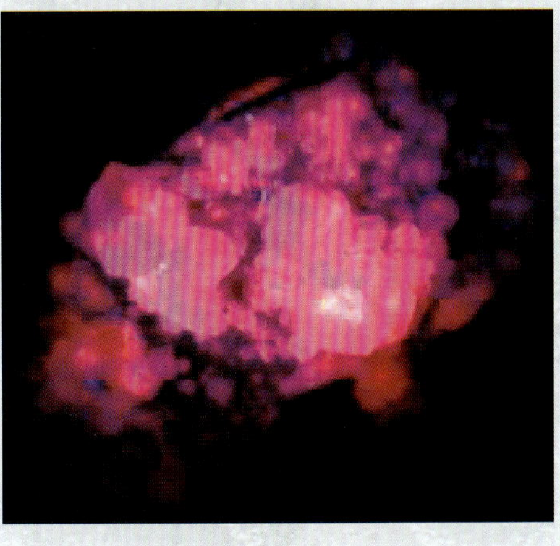
(b)

方解石在正常光下的照片和在中波段紫外荧光下的荧光照片（1）

(a)

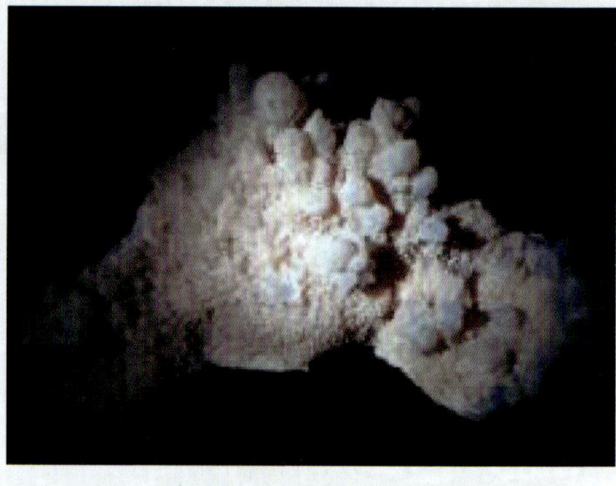

(b)

方解石在正常光下的照片和在中波段紫外荧光下的荧光照片（2）

(a)

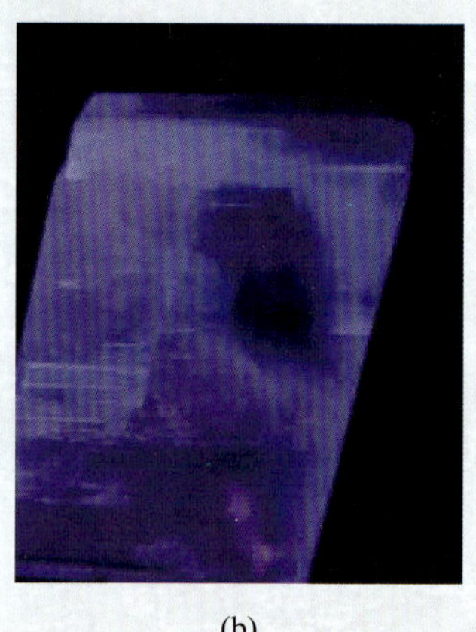

(b)

方解石在正常光下的照片和在短波段紫外荧光下的荧光照片（1）

(a)

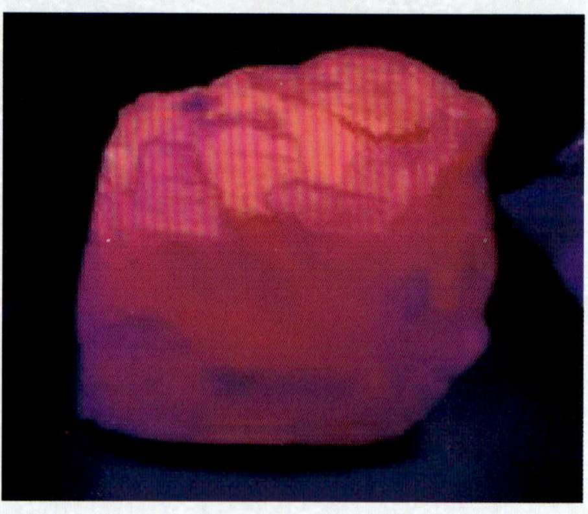

(b)

方解石在正常光下的照片和在短波段紫外荧光下的荧光照片（2）

有些方解石还会发磷光。

(a)

(b)

琥珀方解石在正常光下的照片和在紫外光下的磷光照片（1）

(a)

(b)

琥珀方解石在正常光下的照片和在紫外光下的磷光照片（2）

(a)

(b)

琥珀方解石在正常光下的照片和在紫外光下的磷光照片（3）

拓展知识 1

方解石具有完全等级的菱面体解理，受外力敲击时，容易破碎成很多菱形小方块，而且裂开面很平整。方解石也因为这一鲜明的特点而得名。

拓展知识 2

自然界不同颜色的方解石定向排列可构成栩栩如生的“腊肉石”。

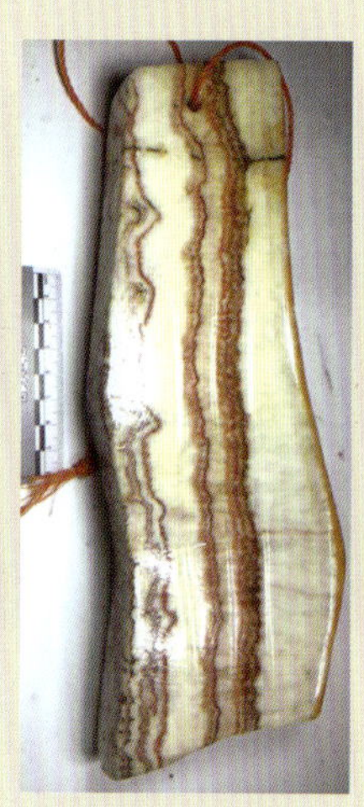

拓展知识 3

纯洁的白色方解石集合体可以构成汉白玉。

拓展知识 4

无色透明的方解石被称为冰洲石，它具有双折射的特征，透过冰洲石看对面的物体会出现重影现象。

26 萤 石

萤石是一种氟化物矿物，其化学成分主要为氟化钙（CaF_2），晶体形态通常为立方体和八面体，常见穿插双晶。萤石颜色多样绚丽，常见为艳绿色、紫色和蓝色等。萤石为透明－半透明，半玻璃光泽。萤石具有典型的八面体完全解理，贝壳状断口，摩氏硬度为4，韧性很差，相对密度为3.18。在紫外线照射下萤石会出现极强的荧光。

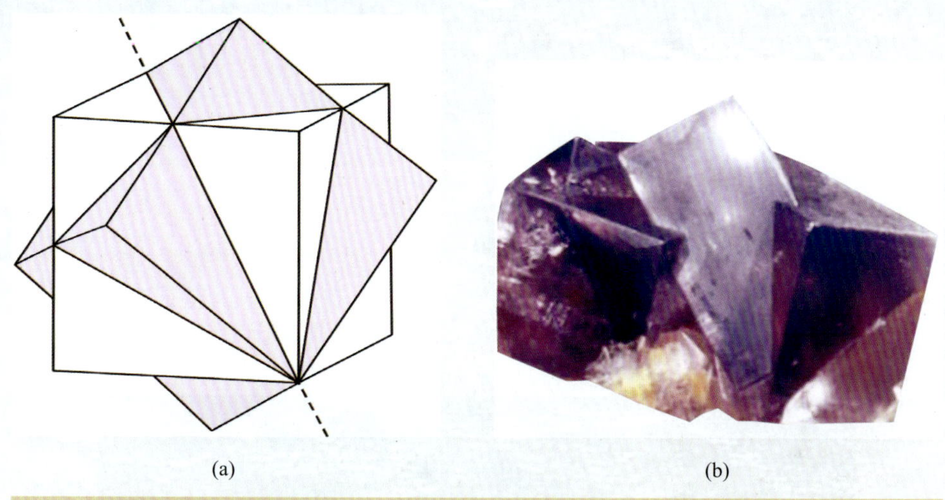

(a) (b)

萤石穿插双晶

立方体集合体，浅绿色，半玻璃光泽

八面体集合体，翠绿色，半玻璃光泽

八面体单晶体，翠绿色，半玻璃光泽

立方体集合体，绿色和浅紫色，半玻璃光泽

立方体集合体，深灰蓝色，半玻璃光泽

立方体晶体，紫蓝色，半玻璃光泽

立方体集合体，浅蓝色，半玻璃光泽

立方体集合体，亮蓝色，半玻璃光泽

(a)

(b)

立方体晶体，紫红色，半玻璃光泽

条带状集合体，蓝绿色、蓝色和深紫色

立方体晶体，黄色，半玻璃光泽

八面体和立方体聚形，浅蓝色

八面体单晶体，翠绿色，半玻璃光泽

(a)

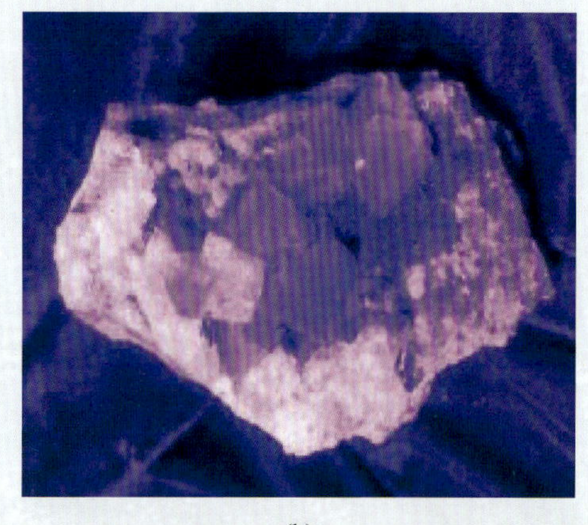
(b)

萤石在正常光下的照片和在长波段紫外荧光下的荧光照片

(a)

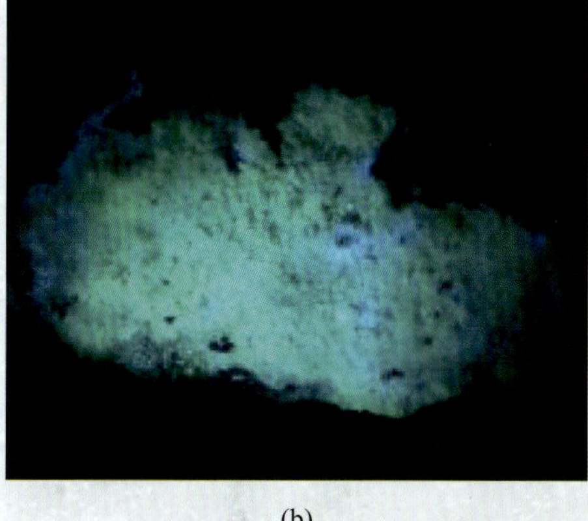
(b)

萤石在正常光下的照片和在中波段紫外荧光下的荧光照片（1）

(a)

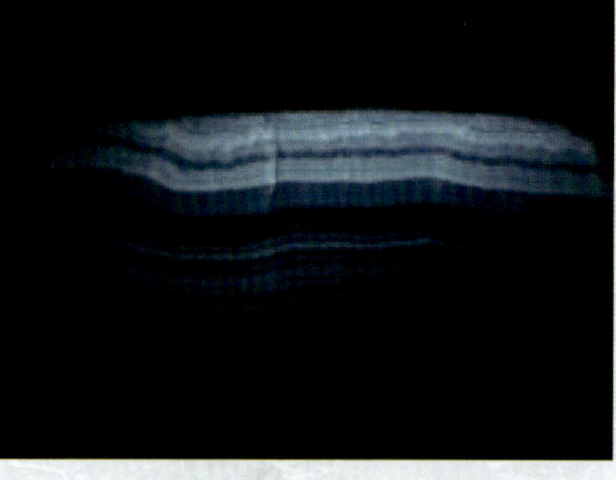
(b)

萤石在正常光下的照片和在中波段紫外荧光下的荧光照片（2）

有些萤石具有磷光。

(a)

(b)

紫萤石在正常光下的照片和在紫外光下的磷光照片

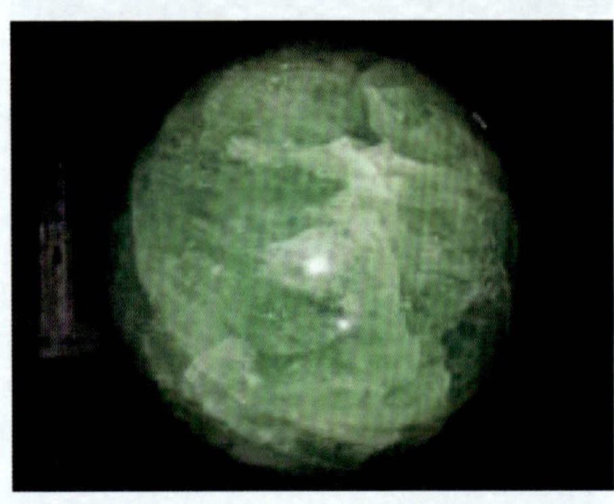

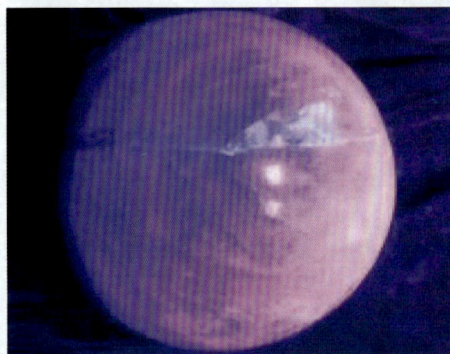

(a)

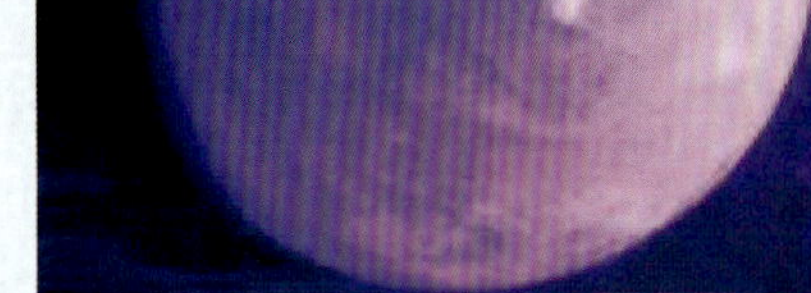

(b)

萤石球在正常光下的照片和在紫外光下的磷光照片

27 石 膏

石膏是一种含水的硫酸盐矿物，其化学式为 $CaSO_4 \cdot 2H_2O$，可含二氧化硅（SiO_2）、氧化铝（Al_2O_3）、氧化铁（Fe_2O_3）、氧化镁（MgO）、氧化钠（Na_2O）和氧化钾（K_2O）等，并常有黏土、有机质等混入物。纯净的石膏为无色或白色，但含其他微量元素的呈浅色，如黄色、棕色、蓝色或红色。石膏单晶体为板状、粒状、柱状或纤维状。集合体有纤维状和花朵状。石膏常具有漂亮的燕尾双晶。石膏为透明－半透明，晶面玻璃光泽，纤维集合体的石膏具丝绢光泽，摩氏硬度为 2，韧性差，相对密度为 2.2 ～ 2.4。

无色透明的石膏晶体被称为透石膏；细粒状块状的石膏称为雪花石膏；纤维状集合体的石膏称为纤维石膏；花朵状石膏被称为沙漠玫瑰。

透石膏－无色透明，
玻璃光泽，棱柱状，燕尾双晶

纤维石膏－白色，
透明－半透明，丝绢光泽

雪花石膏

花朵状石膏（沙漠玫瑰）

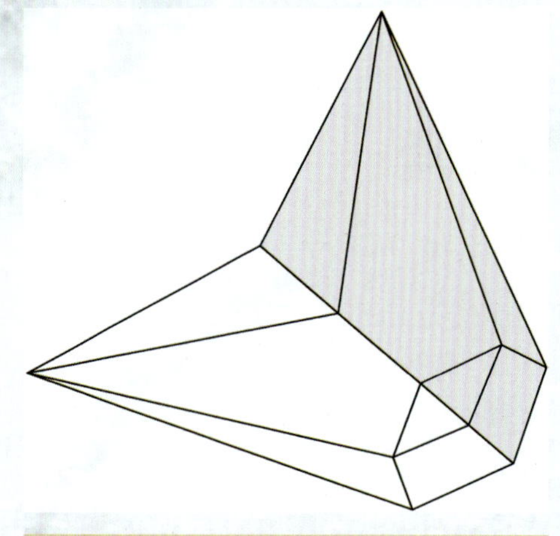

石膏燕尾双晶示意图

石膏燕尾双晶

有些石膏会发磷光。

(a)

(b)

茶色氟铝石膏在正常光下的照片和在紫外光下的磷光照片

拓展知识

石膏被广泛用于制作水泥缓凝剂、石膏建筑制品、模型和医用食品添加剂，还被作为纸张和油漆的填料。

28 重 晶 石

重晶石是一种硫酸盐矿物，其主要成分是硫酸钡（$BaSO_4$），含有少量的铅（Pb）、钙（Ca）和镭（Ra），晶体常呈垂直 Z 轴的板状。纯净的重晶石晶体无色透明，但因含其他元素而一般呈白色、浅黄色、淡褐色，晶面玻璃光泽，解理面呈珍珠光泽，重晶石发育平行板面的完全解理，摩氏硬度为 3~3.5，相对密度 4.3~4.5，属于密度重的矿物晶体。

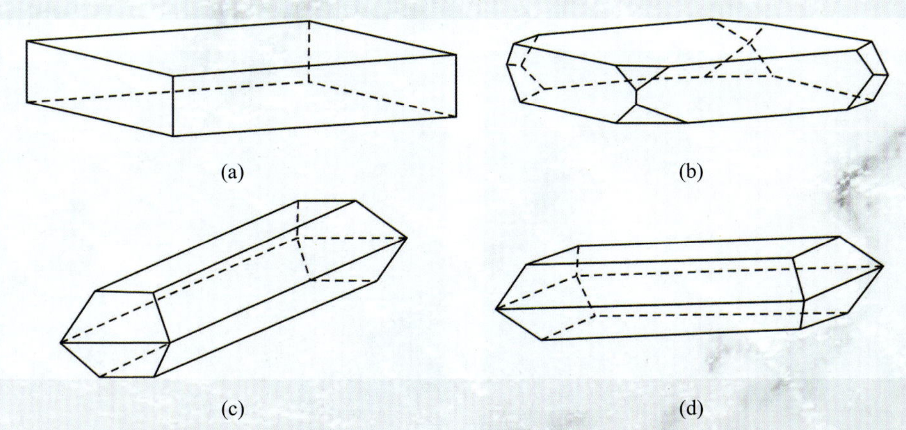

重晶石晶体理想形态素描

重晶石－板状，无色透明，晶面玻璃光泽

重晶石－板状，浅黄色，晶面玻璃光泽

重晶石－薄板状，无色，透明，晶面玻璃光泽

重晶石－片状，棕色，透明，晶面玻璃光泽

少数重晶石具有荧光现象。

(a)

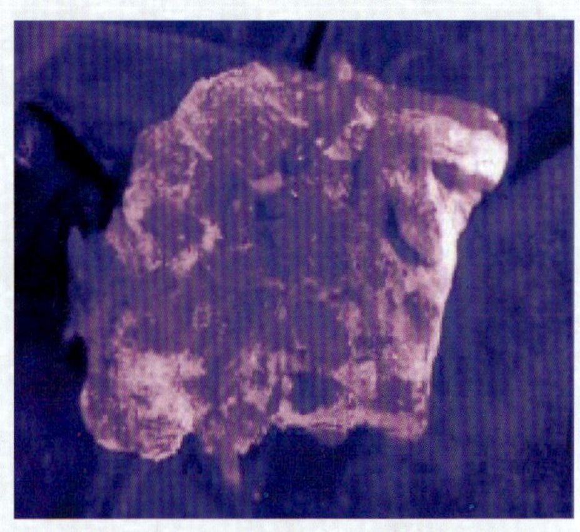

(b)

重晶石在正常光下的照片和在长波段紫外荧光下的荧光照片

29 自 然 硫

自然硫是一种自然元素类矿物，其化学成分主要是硫（S），常含有少量硒（Se）、碲（Te）和砷（As）等，自然硫单晶体为双锥状或厚板状，集合体常呈块状、粒状、土状和钟乳状。自然硫为黄色，晶体透明－半透明，晶面为金刚光泽，断口为油脂光泽，摩氏硬度为 1~2，性脆，相对密度为 2.05~2.08，自然硫主要用以制造硫酸和硫黄。

自然硫双锥单晶

自然硫粒状集合体，晶面金刚光泽

30　雄黄和雌黄

雄黄和雌黄都是硫化物矿物。雄黄的化学成分主要是硫化砷（As_2S_2），雌黄的化学成分主要是三硫化二砷（As_2S_3），雄黄经过氧化可以变成雌黄。

雄黄晶体为细小的柱状、针状，晶面具有纵纹，但雄黄单晶体很少见，通常为致密粒状或土状，暴露于空气中易碎裂成橙黄色粉末。雄黄晶体呈橘红色，条痕呈浅橘红色，半透明，晶面为金刚光泽，断面为树脂光泽，摩氏硬度为 1.5~2，相对密度为 3.5~3.6。

雌黄晶体常见板状或短柱状，集合体呈片状、梳状和土状等。雌黄晶体为柠檬黄色，条痕为鲜黄色，如暴露在空气中则雌黄的颜色会变得暗淡。雌黄晶面为油脂光泽至金刚光泽，解理面为珍珠光泽。雌黄具有一组极完全解理，薄片具挠性，摩氏硬度为 1.5~2，相对密度为 3.5。

雄黄晶体－柱状，橘红色，半透明，金刚光泽

雌黄晶体－板状，柠檬黄色，光泽变暗淡

雄黄集合体

雄黄和雌黄集合体

31 辉锑矿

辉锑矿是一种硫化物矿物，其化学成分主要是三硫化二锑（Sb_2S_3），可以含有微量的金（Au）、银（Ag）、铁（Fe）、铅（Pb）和铜（Cu）等元素。辉锑矿单晶为具有锥面的长柱状或针状，柱面有明显的纵纹；集合体一般呈柱状、针状、放射状或块状。辉锑矿为铅灰色，条痕黑灰色，强金属光泽，不透明，摩氏硬度为2~2.5，性脆，相对密度为4.52~4.62。

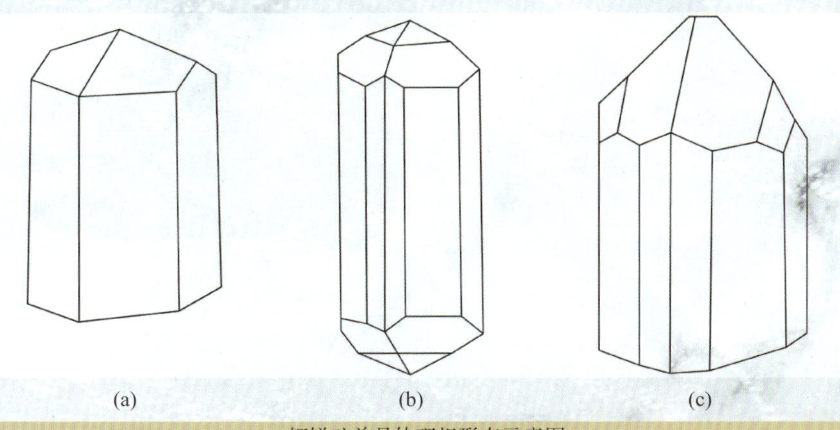

辉锑矿单晶体理想形态示意图

辉锑矿柱状晶簇

32 磁铁矿

磁铁矿是一种氧化物矿物，其主要成分为四氧化三铁（Fe_3O_4）。磁铁矿单晶呈八面体，但常为致密块状和粒状集合体。磁铁矿为黑色，条痕也是黑色，不透明，半金属光泽。磁铁矿无解理，摩氏硬度为6，性脆，相对密度为5.2。磁铁矿具有强磁性，整个块体能被永久磁铁吸引。

磁铁矿单晶

磁铁矿块状集合体

33 黄 铁 矿

黄铁矿以其闪亮的金黄色和完好的晶体形态受到人们的喜欢。黄铁矿是一种硫化物矿物，其化学分子式为二硫化铁（FeS_2），常含钴（Co）和镍（Ni）。黄铁矿单晶常见立方体、八面体和五角十二面体形态。立方体晶面上常有三组互相垂直的条纹，并常形成“铁十字”穿插双晶。黄铁矿集合体常呈粒状和致密块状、浸染状和球状。黄铁矿呈浅黄铜黄色，条痕是绿黑色，不透明，强金属光泽，摩氏硬度为6~6.5，相对密度为4.9~5.2。

黄铁矿立方体晶形

黄铁矿八面体晶形，浅黄色，金属光泽

黄铁矿五角十二面体晶形

黄铁矿粒状集合体

黄铁矿晶体表面的条纹

黄铁矿双晶

34 蓝 铜 矿

蓝铜矿是一种铜的碳酸盐矿物，分子式为 $Cu_3(CO_3)_2(OH)_2$。单晶呈柱状或厚板状，集合体通常呈粒状、钟乳状、皮壳状和土状，单板状单体可构成独特的美丽的花瓣状集合体。土状为浅蓝色，光泽暗淡。蓝铜矿有完全或中等解理，贝壳状断口。

蓝铜矿花瓣状集合体

第三篇

多姿多彩矿物晶体赏析

35 矿物晶体图片展示

黑柱石（黑色）

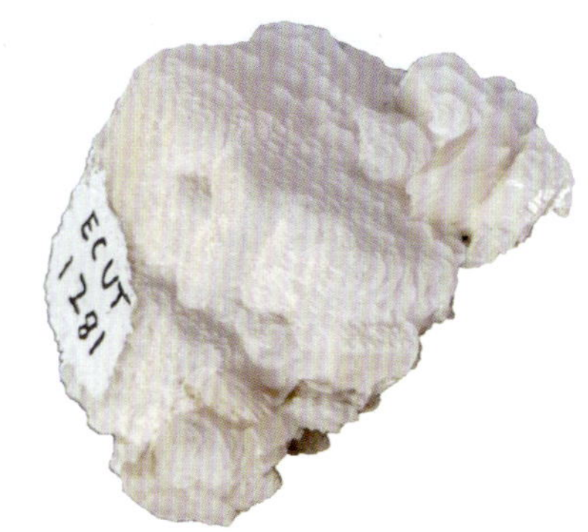

浅水红方解石（菱面体）

红刚玉

绿色水晶

菱铁矿（灰色）和黄铜矿（黄色）

绿松石

蓝铜矿（蓝色）和孔雀石（绿色）

闪锌矿（深灰色）

电气石（黑色）和石英（白色）

粉色方解石

绿色的孔雀石（皮壳状集合体）

蓝铜矿（蓝色）和孔雀石（绿色）

沙漠玫瑰（石膏集合体）

长石（乳白色）和石榴子石（深棕色）

重晶石（浅棕红色）、石英（白色－无色透明）、黄铁矿（金属黄色）和萤石（紫色）

红色透明玻璃光泽的含锰方解石（板片状）

无色透明弱玻璃光泽的透石膏（板柱状）

蓝色透明玻璃光泽的硅钒钙石

红色半透明玻璃光泽的雄黄
和黄色半透明玻璃光泽的雌黄（块状集合体）

浅黄色金属光泽的黄铁矿（立方体）

绿色透明玻璃光泽的钙铬榴石（粒状）

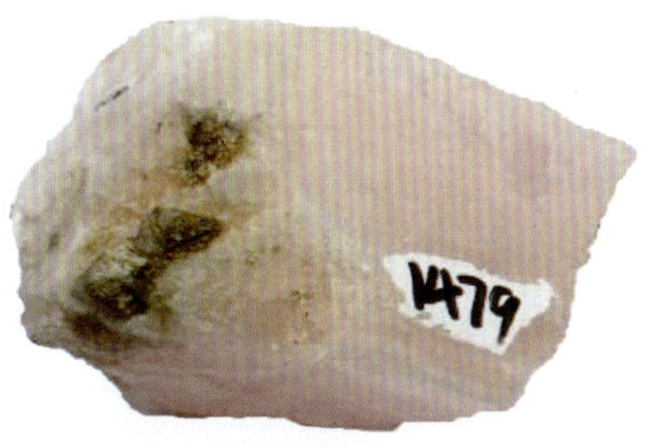

粉色透明玻璃光泽的方解石（菱面体）

红色透明玻璃光泽的辰砂（菱面体）

无色透明玻璃光泽的方解石（菱面体平行连生）

棕红色透明玻璃光泽的钒铅矿（六方板柱状）

翠绿色透明玻璃光泽的祖母绿（六方柱状）

海蓝色透明玻璃光泽的海蓝宝石（六方柱状）

黑色不透明金属光泽的镜铁矿（片状）
和红色透明玻璃光泽的水晶（柱状）

亮紫蓝锖色的
强氧化蓝铁矿（长柱状束状集合体）

亮蓝色透明玻璃光泽的水磷铝钠石（针状集合体）

白色透明玻璃光泽的辉沸石（针状球状集合体）

绿色透明玻璃光泽的石膏（针状长柱状集合体）

红色透明玻璃光泽的碧玺（柱状）

韭黄色透明玻璃光泽的韭闪石（柱状）

白色透明玻璃光泽的方解石（柱状）
和粉红色透明玻璃光泽的方解石（菱面体）

蓝色透明玻璃光泽的蓝晶石（柱状束状集合体）

橘红色玻璃光泽的
石榴子石（四角三八面体单形）

浅黄色透明玻璃光泽的
方解石（菱面体单形）

石英（柱状晶簇集合体）

钢灰色辉锑矿石（长柱状和针状晶簇）

灰绿色的透闪石（纤维状单晶、放射状集合体）

金亿石（毛发状集合体）

浅紫色透明弱玻璃的萤石（八面体单形）

褐色不透明半金属光泽的针铁矿（针状）

蓝绿色的绒铜矿（毛绒状集合体）

透明珍珠光泽的白云母（片状）

红色透明弱玻璃光泽的蔷薇辉石（块状集合体）

棕黄色不透明金属光泽的自然铜（块状集合体）